对话

稻盛和夫 ·

一

人的本质

[日] 稻盛和夫
[日] 本山博

著

喻海翔

译

东方出版社

图书在版编目（CIP）数据

对话稻盛和夫：人的本质 /（日）本山博，（日）稻盛和夫 著；喻海翔 译. —北京：东方出版社，2012.6
ISBN 978-7-5060-4854-5

Ⅰ.①人…　Ⅱ.①本…②稻…③喻…　Ⅲ.①人性—研究　Ⅳ.①B038

中国版本图书馆CIP数据核字（2012）第111145号

本书中文简体字版权由博达著作权代理有限公司代理
中文简体字版专有权属东方出版社
著作权合同登记号 图字：01-2010-7104号

对话稻盛和夫：人的本质
（DUIHUA DAOSHENGHEFU: REN DE BENZHI）

作　　者：[日]本山博　[日]稻盛和夫
译　　者：喻海翔
责任编辑：贺　方
出　　版：东方出版社
发　　行：人民东方出版传媒有限公司
地　　址：北京市西城区北三环中路6号
邮　　编：100120
印　　刷：北京文昌阁彩色印刷有限责任公司
版　　次：2012年6月第1版
印　　次：2022年7月第4次印刷
印　　数：36 001—39 000册
开　　本：880毫米×1230毫米　1/32
印　　张：5.25
字　　数：100千字
书　　号：ISBN 978-7-5060-4854-5
定　　价：32.00元
发行电话：（010）85924663　85924644　85924641

版权所有，违者必究
如有印装质量问题，我社负责调换，请拨打电话：（010）85924602　85924603

目录

序

真诚地祈愿人人都能够更加幸福

稻盛和夫

从年轻时候开始，我就一直在思考，宇宙中是否具有人类与生俱来的知性与感觉，以及常识和科学知识都无法解释的、超出人类智慧的存在和现象。

举例来说，我一直都认为，既然在这个世界里存在着灵魂与意念，那么理所当然就应该存在着由这些灵魂和意念所引发出来的现象。正是基于这种认识，我才会对超越常人智慧的东西产生兴趣，并开始阅读诸如美国的埃德加·凯西（Edgar Cayce，美国 19 世纪末 20 世纪初的著名预言家——译者注），以及英国的斯利维·比尔其（Silver Birch，英国 20 世纪初的著名通灵者——译者注）等人的著作。

像我这样一个毕业于大学工科专业，作为技术人员进入社会工作，后来又创办了高科技企业并最终成为一名企业经营者的人，却会对那些"超自然"的存在产生兴趣，这就不得不让一些人感到难以接受。

然而，正如在这本书的访谈中提到的一样，我们难道仅仅因为"现在"的科学无法证明就对这一切一概予以否认吗？事实上，有许多曾经是"现在"的常识却在"未来"被最终否定。反过来，也还有众多"现在"的非常识后来却在"未来"又得到了肯定。

并且，只有当我们能够承认这个世界还存在着超越常人智慧与认识的存在时，才能更有效地解释这个世界的成因与意义，并且最重要的是，也只有当我们对于这些未知心存敬畏、常怀谦虚，才能够获得更加美好的人生。

因此我才会坚信，那些超越常人智慧的存在既应该是实有的，同时也是不可或缺的。

但是我自身却又没有能够感知并驾驭上述那样超常的灵性能力，所以一直都希望能够结识拥有这种能力的人，于是经人介绍，我认识了本山博先生。自初次会面以来，我与本山先生的亲密友情已经度过了30个年头。每次与他的会晤都会让我重新感悟到"他确实是一位真正拥有超自然能力的人"，令我对他的敬意不断加深。

去年春天，本山先生的大作《灵性的真相》（PHP 研究所出版社）付梓出版之际，我受到委托为此书撰写推荐序。在我接受了这个请求之后，PHP 研究所又进一步提出，希望我能够与本山先生做一次对谈。

尽管让我这样一个人去与本山先生做对谈实在是有些难堪重任，但是对于尊敬的本山先生的这个请求，我又是万难推辞，于是也就只好姑且承诺了下来。

虽然这场对谈最终在今年春天得以进行，不过由于我本人无灵性能力，所以在本山先生看来，或许我显得实在是非常"可笑"，并且出版社的编辑也会感到有点牛头不对马嘴吧。

在这场对谈当中，我作为一名"倾听者"，尽可能地引发本山先生的阐述，并对这些含义深刻的阐述作出解读，以便普通大众也能够领会理解，也就是说，我起到的是本山先生与读者之间沟通者的作用。我认为这也正是自己作为一个门外汉，在与这个领域泰斗的本山先生进行对谈的真正意义所在。

有鉴于此，这本对谈集也许会显得有些特别。但是我们两人之间对谈的目标却又是完全一致的，那就是我们都真挚地祈愿这个世界变得更加美好，以及生活在这个世界的众生都能更加幸福。

如果有尽可能多的人能够通过这本浸透着上述"祈愿"的

书籍，对存在于这个世界之中的、超越了人类智慧的那些存在有所思、有所悟，并进而以真挚的态度踏上一条充满光明和希望的人生道路，那么我作为本书的作者之一也将会感到无比的幸福。

第一章
资本主义的未来

资本主义社会的混乱最终将如何收场

资本主义当前的混乱完全是咎由自取

一、资本主义社会的混乱最终将如何收场

人类的贪欲没有止境

稻盛　现在，人类正迎来一个极其严峻的时代。2008 年秋天爆发的金融危机引发了席卷全球的经济萧条。与此同时，惨烈的恐怖袭击又在世界各地反复上演，核威胁也呈现出扩散之势。身处这样一个时代，我们每一个人又该秉持怎样的理念，选择怎样的人生道路呢？在此，我将与尊敬的本山博先生就这个主题展开对谈。

在当前这片日趋混沌迷乱、令人窒息的状况当中，我希望作为宗教家，同时又是灵性研究大师的本山先生能够为那些对人生感到苦恼的人们宣说为人之道，并指引人生的方向。并且我相信，如果能够对本山先生教诲的"真意"进行通俗易懂的讲解，那么必然将会引发众人的共鸣。

本山 这确实是一个非常严峻的时代。如果每个人都一切只为自身利益的话，那么不管是国家、社会，还是个人都必将灭亡。此时此刻，我们必须将地球视为一个整体，认真思考如何才能够推进整个地球社会的一体化良性发展。假如我们能够从对于自身的执迷中解脱出来，让心灵获得自由，那么就必然会实现身心健康，与世无争。因此我将从灵性学的角度，对正确的人生态度进行探讨。

稻盛 那么首先请允许我针对当前的世界经济状况表达一些自己的看法。不过在讨论现在暴露的各种问题之前，先让我们对于历史作一些回顾。

第二次世界大战结束之后，世界陷入了由"资本主义"与"社会主义"的对峙所形成的冷战之中。之后，1991 年苏联解体，这被解读成资本主义获得了最终的胜利。总而言之，"社会主义不适合经济社会的发展，只有资本主义才是正确的"思潮成为了主流。

并且一直到 2008 年为止，以美国为中心的资本主义到达了鼎盛的巅峰。资本主义的兴盛主要是出自以下这种理念："必须确保经济的持续发展。"正是基于"只有通过不断扩大经济规模，人类才能够过上更加富裕的生活"的认识，资本主义才得以一路发展至今。

但是为了能够将这样一种资本主义的发展一直维持下去，人类就不得不继续奉行生产大量产品，购买大量产品，然后再丢弃大量产品的模式。也就是说，通过维持大量生产、大量消费、大量废弃的流程来保证经济的可持续性发展的理念构成了资本主义的核心。

每个人都有过上富裕生活的欲望。并且这种欲望没有止境，即便过上了生活富足、衣食无忧的日子，人们依然会得寸进尺，永不满足。并且不仅是发达国家，包括发展中国家在内的所有国家现在都在为了满足国民的这种欲望，以建立物质丰富的社会为目标而全力发展。这里面最典型的就是美国。

二战之后，美国为了满足国民的这种个人欲望，成为一个尽可能富足便利的社会，而推动以汽车和电子产品为中心的制造业迅速发展。我们所在的日本也追随美国，将发展制造业作为了立国之本。总而言之，资本主义从一开始就是以努力生产优良产品的实体经济为基础，并一路发展成长至今。

然而从 20 世纪后半期开始，美、英等国家却开始觉得专心搞制造业并不划算，应该通过金融来扩大整个国家的财富。

对于我们一般人而言，所谓金融业就是通过汇集资金，然后将其出借，以此赚取利息的单纯行业。可是近年来，金融业不再是通过放贷来获利，而是利用资金来创造资金，也就是说，金融业的基轴已经从融资转向了投资和投机。

那些优秀的数学家和统计学家通过开发出各种金融衍生产品，构筑起了仅需少许本金即可产生数十倍，乃至数百倍的收益金融杠杆体系。依靠这种体系，华尔街的投资银行得以将巨大的利润掳获囊中。在这些投资银行里，一些普通员工甚至能拿到高达 1 亿日元，甚至 2 亿日元的高额年薪，身居高位的最高管理者的年薪更是会达到 100 亿日元以上。

当然，这些投资银行经营者对此的说辞往往都是："公司在我的管理下成功获得了数千亿日元的利润，因此我就算从中拿走 100 亿日元也是理所当然的。"但是，同样是在美国，既有像上面所说的那些手中拥有亿万财富的富豪，也有在城市的大街小巷里仅凭微薄薪水过着精打细算日子的无数普通民众。并且这种巨大的贫富差距还在不断扩大。

可是低收入阶层也同样想要拥有自己的住宅，于是金融机构就紧抓住这点，以住宅价格将会持续上涨为前提，向那些不具有还贷能力的民众发放了大量的住房贷款。因此，形成的不良贷款最终引发了此次金融危机。并且，由于这类住房贷款在被证券化后又在世界范围内进行销售，结果最终形成了把整个世界都拖下水的严重事态。

我认为，从 2008 年秋天开始爆发的一连串事件，充分展示出了通过刺激人类欲望来谋求自身发展的资本主义的最丑恶的一面。总之，根本问题并非在于资本主义的正确与否，而是背后操纵和主导这种资本主义的那些人的本性。

我们应该将此次的金融危机视为通过重新审视资本主义模式，从而对于人类的本质进行再思考的契机。

但是只要人类依旧沉湎于永不知足的欲望之中，那么就必然会继续一心提升自己的生活水准。

眼下美国正在尽一切力量重建自身经济，以期永远确保世界第一经济大国的地位。日本也同样会继续将能够刺激经济的政策作为基本国策。中国已经制定了积极的经济刺激政策，来维系10%左右的经济增长速度。拥有庞大人口的印度将"进一步推动经济发展"设定为国家的基本目标。而包括俄罗斯和巴西在内的其他发展中国家也都采取了同样的态度。

据推算，世界总人口到2050年时将会超过90亿。因此稍微想一下就会明白，在这种情况下，不管是食物还是能源，都将不足以让人类继续维持目前的生活水准。到时候，人类将很有可能不得不通过战争来抢夺食物与能源。

假如世界人口继续像现在这样不受节制地增长下去，并且人们只顾一味提升自己的生活水平，那么最终就有可能给人类带来毁灭。只要看一看古代埃及文明、美索不达米亚文明以及中南美文明(玛雅文明、阿兹特克文明、印加文明)的结局就能明白，这些文明都逃不过灭亡的命运。尽管毁灭的原因各自不同，但是这些文明最终都只剩下些残垣断壁的遗址以供凭吊。

我们当前的现代文明也同样存在着这样的危机，被50年或者100年后的人们指着沦为废墟的高楼大厦说："这里曾经存在过非常灿烂的文明。"现在的这些高层公寓一旦停电，电梯无法运转，也就不再方便居住。当能源耗尽之时，所有的现代建筑都将毫无例外地成为遗迹。

然而，即便人类现在已经认识到了自身正在朝着毁灭飞奔，可现实却是，很少人因此而打算改变自己的生活方式和思维方式。前阵子，我有幸与东京大学的一位学者进行了讨论，当我指出人类目前面临的危机时，这位学者对此表示赞同，他说道："稻盛先生，你说的这一切都是显而易见、无法避免的事实。"

于是我就进一步提议："所以世人必须遵从佛陀所说的'知足'的道理，并躬行实践。我们应该向社会大众呼吁，主动降低一点自己的生活水平，以此来维系人类的存续。"可是那位东京大学的学者却对此回答道："话虽如此，可是不会有人真愿意降低自己的生活水平。无论谁都想过富裕的生活。"他如同一个局外人似的接着说道："说不定，这个世界也许将会因为战争或者地壳变动而出人意料地提前毁灭。"

正是在人类社会的这种混乱迷失之中，我们或许也可以将这场席卷全球的金融危机视为上苍对于人类抱有的思维方式和心态所敲响的警钟。

所以我现在更希望如本山先生这样的人能够为我们指出作为人所应有的态度，以及正确的生活方式。

二、资本主义当前的混乱完全是咎由自取

人性本恶

本山　我本人对于经济并不了解，现在听了您的讲解，觉得情况确实是如您所说的一样。现在我来谈谈自己对于这个世界未来发展趋势的一些认识。

早在20年前，我就已经指出，现在的这种资本主义如果不作改变的话，最终一定会走向崩溃。至于崩溃的原因，我们只需要对于人的存在作一些思考就自然会找到答案。

当下，我们存在于此，之所以能有房子，是因为土地的存在。我们日本人能拥有这片土地，又是因为日本这个国家的存在。而日本这个国家之所以能够存在，是因为地球的存在。假设现在地球上的空气消失5分钟，那么人类就将灭亡。也就是说，即便食物充足，如果没有空气的话，人类依然无法生存。

所以，人只有在非常狭义的、有限的条件下才能够生存，可以看做是一种受到各类严重束缚的存在。而资本主义的理念则认为应该在受到严重束缚的人类之间展开自由竞争。

资本主义社会的自由是不受任何限制的自由，可是这完全不符合人类的实际情况。这一点也正是资本主义最大的错误。正如您刚才所说的，没有人能够完全靠自己一个人生存。没有父母我们就不可能出生，没有社会我们也无法生存下去。因此，一个社会必须同时兼顾个性与社会性。

可是今天的人类社会却充斥着自私自利的思潮。活着的目的除了让自己赚钱发财，过上好日子，其他的一切都可以不用在乎。并且，不管是企业还是国家都如出一辙，美国的前总统布什最喜欢在演讲中反复提及"国家利益"，其实日本和中国这些国家也和美国差不多，完全都是以国家利益作为自身发展的最优先准则。

然而这种思维方式实质上只不过是基于"物质原理"，试图自我维系而已。但凡物质，终究避免不了毁灭消亡的结局。因此，一旦凡事都以物质原理为基准的话，就无法避免陷入只顾自身、无视他人的状态。极端一点地说，有的人为了自身利益就算去杀害他人也会在所不惜。

数年之前，在我创办的位于美国加利福尼亚州并得到该州政府正式承认的研究生院大学所举办的一门瑜伽课程当中，作为参加者的一位神经生理学会的医生认为："猴子也会和人一样，得到了好吃的食物就会藏到土中，等到肚子饿时再挖出来独自享用。"

对此我的回答是："但是人在做这种事情的时候也有可能为此而感到羞愧，并进行反省。但是猴子却不会反省。"人能够进行反省，并通过反省来认识自己。这才是为什么人能够称之为人，这也决定了人完全不同于猴子。

不过，正是由于能够超越自身来认识自我，所以人会以说谎、欺诈他人的方式为自己的罪行开脱。也就是说，只有人才会为非作恶，猴子却不会。对于这一点我们一定要有清醒的认识。

此外，对于当前资本主义的溃败，我觉得这是天经地义的事情，这是因为货币与产品无法相对应的经济是难以为继的。稻盛先生经常会提到这个问题，我认为稻盛先生的相关理念非常了不起。也就是说，那些并不从事实际生产的人每天都混迹于网络间，全身心地投入于股市当中，低买高卖，轻轻松松就能赚得一两亿日元的高额回报。当一个世界再也无法区别虚幻与现实时，这个世界就自然会走上"毁灭"的道路。

人是会为非作歹的，并且当欲望膨胀的时候，人就将变得更加邪恶。人虽然不可能拥有完全不受束缚的能力，但是现在的资本主义却让我们产生了自以为拥有这种能力的错觉。所以资本主义的崩溃自然也就顺理成章了。

正如我们前面曾经谈到过的，今后数十年的时间里，如果人类数量出现过度膨胀，导致粮食供应陷入短缺的话，人类将无法避免灭亡的下场。此外，地球温室化也给人类带来了同样的危机。距今大约一万年前，当冰河期结束后，当时地球的平均气温出现了上升，现在的情况与那个时候也非常相像。并且由于大量排放二氧化碳，进而显著改变了原本缓慢的自然变化，大幅度地加剧了地球温室化的进程。未来地球还将如何变化，现在连学者们也没法作出预测。

第二次世界大战时，我是一名师范学校的在校生，到二战末期，我又作为海军的预备役学生进入了"神风"特攻队。那是一个非常艰难的时代，当时连想吃一碗白米饭都不能。我相信稻盛先生也拥有相同的回忆，但是对于完全没有任何此类经历的人而言，就算他们的想法和点子再多，光靠空想人终究是无法生存。再小的东西，倘若我们不去认真劳作，都是不可能被创造出来的。

正是因为人的能力存在着局限性，因此在仅凭一己之力难以生存的社会里，众人秉持和谐、相互帮助、共同生活才是应有的态度。并且随着内在灵性的不断成长，我们也会愈加感受到"爱"对于我们所产生的助力。

像稻盛先生这样具有"超意识能力"（将事物与自我合为一体，然后再脱离自我，以第三者的角度来审视事物与自我的能力。参照本书第三章）的人，一旦全身心地投入到工作之中，自然而然地就能够窥视到蕴藏于事物之中的灵魂。西田哲学将此称为"行为直观"。即当我们进入全身心的专注状态之中时，与我们相关的事物会主动向我们发出正确行事的引导，而我们只需依计行事即可。

筑波大学的村上和雄名誉教授在他的著作中，主张世界上存在着"something great"（难以细说感知，但是却异常伟大的事物）。美国哲学家威廉·詹姆士（William James）对此则以"the more"（更加宏大的）来表现。如果能够具有超意识能力的话，不管是任何人都能够感受到这种存在。而一旦我们的心能够感受到这种存在，就很自然地能够与他人和谐相处，在处理事情时，无需刻意，正确的判断就会自动地从心底流出来。

稻盛先生正是因为拥有了这种力量，所以才会成为一名杰出的经营者。但是如果一旦与那些一心只顾赚钱的企业家，或者利欲熏心的政治家同流合污的话，那就必然会遭受到灭顶之灾。

建立一个个性与社会性和谐共存的社会

稻盛　正如本山先生所指出的，人类不仅私欲旺盛，并且对于如何与他人和谐共生也是不以为意的。

本山　正是如此，这一点是一个极大的不足。

稻盛　人类最初原本只是为了满足自己的欲望而生。只是到了迄今 250 年前的时候，在英国兴起了工业革命。在那以前，人类都还只是依靠农耕和畜牧来开发大自然。也就是说，虽然那时的人类也会给大自然造成损害，但是由于只能使用人力和畜力，所以这种损害的程度终究有限。

然而，在工业革命时代，随着蒸汽机的发明，人类获得了更大的力量，破坏力也随之猛增。对于人类而言，大自然也就理所当然地成为了应该予以征服和改造的对象，以便让其为人类服务。

自从工业革命以来，获得了强大力量的人类不断发展科学技术，试图彻底征服大自然。事实上，人类本应与整个自然界的万事万物和谐共生，我认为正是由于人类对此的疏漏，才会引发并造成了现在的这种严峻状况，但是这一切又为什么会首先起源于欧洲而非亚洲呢？

本山　近代的这种变化确实不是发源于亚洲，而之所以会最早出现在欧洲，与犹太教、基督教、伊斯兰教都是发源于沙漠有着极大的关系。不知道稻盛先生您曾经去过那个区域的沙漠地带没有？

稻盛　曾经去过埃及。

本山　在那种环境中，生存是一个大问题。人的身体有70%是由水分构成，因此人类要想维持生命就离不开水，在沙漠里需要向地面以下挖40～50米深才能找到水源。有了水，就可以在四周种植牧草，饲养牲畜。但是如果无法确保水源的话，就只能去攻击其他的部落，将他们的妇女儿童掳为奴隶，粮草掠为己有，因为不这样做的话，自己就无法生存下去。

正是这种如果不发动战争，仅靠大自然不足以生存下去的生活状态所培育造就的思想和思维方式，产生了沙漠宗教。因此上帝、人类以及大自然也就形成了彼此对立的关系。人不管怎样也无法成为上帝。而人与大自然之间，人如果不去征服和改造大自然的话就无法生存。这三者之间的关系构成了基督教、犹太教、伊斯兰教的根本。但意味深长的是，尽管这三个宗教都共同信奉亚伯拉罕的神，可是彼此之间却又战争不断。

中世纪的十字军东征就是基督教与伊斯兰教之间的冲突，并且这场战争前后持续了200多年。现今世界各地频发的恐怖袭击，也多源自于基督教与伊斯兰教徒之间的矛盾。以色列与巴勒斯坦的冲突也同样已经持续了数千年。当古代美索不达米亚进入农耕时代，没有土地的犹太部落从沙漠的南边迁移到北边，经过千难万险终于抵达了上帝昭示给他们的土地，这也是为什么犹太人现在会如此执著于这片土地的原因。

正如您刚才所说的，由于这些诞生于沙漠中的宗教都将人类理所当然地征服和支配大自然作为了自身的基本理念，这也就铸就了对立思想的根基。认为自己才最正确，他人则一定邪恶，如此一来才会出现恐怖袭击。所以正是由于严峻的环境，使得用来支配大自然的现代技术和科学都并非是自然而然地出现和发展起来。并且，蒸汽机的出现强化了人类奴役大自然的力量，助长了人类的自信。正是在这种背景下，资本主义才得以问世登场。

然而，资本主义的误区在于，它认为人类能够发挥无限的力量。可是人类其实并没有这么伟大，如果我们意识不到这一点，自以为只要通过竞争就必然会产生最佳结果的话，那就大错特错。

可是我们又该如何是好呢？就以中国为例，当统治阶级试图通过强权统治民众时，底层的民众就会用上有政策、下有对策的方式来想尽办法寻找摆脱之道，中国 5 000 年的历史早已对此作出了清楚的展示。因此，人类对于过度的压力都会很自然地作出抵制的反应。

不管怎样，如果继续像现在这个样子的话，资本主义迟早会灭亡。正是由于人类的存在和能力都具有局限性，因此必须予以一定的束缚。这里所说的束缚并非是一成不变的东西，在束缚之中，为了确保自由，又必须不断或强或弱地对于已经制定的规则进行相应的调整。并且，如果能够以此来确立足以使社会与个人能够和谐共存的哲学、政策以及经济的话，那么我相信，资本主义就可以以完全不同于现在的形态，以自由与束缚同时共存的形态获得重生。

第二章
为了从"魔的时代"脱身而出

现代是一个"魔的时代"

为什么会有那么多的人自杀

第二章　为了从"魔的时代"脱身而出　021

一、现代是一个"魔的时代"

心有贪欲易生魔

稻盛　最近看新闻的时候常常会感慨，在我们的社会里，行凶杀人的事件已经成为了家常便饭，整个社会实在是变得令人惊愕。有的人对于谋害他人性命，甚至对方是与自己有血缘关系的父母子女也不以为意。

本山　之所以会变得如此冷血，是因为人已经物质化了。人类要与大自然对立，凡事都以自身利益为重的做法本身就是物质原理在作怪。而当我们期望寻求提升自身灵魂，试图跨越灵界时，魔又会在这时现身而出。不管是释迦牟尼佛祖，还是耶稣基督，在他们获得开悟，或是见到上帝之前，都曾遭遇魔鬼和撒旦，并将其斥退。那些无法见到魔的通灵人往往水平都很低，算不上有真本事。

当我们见到魔时，心中会产生无与伦比的恐惧感，感到自身这个存在将要彻底消失。但是如果我们不能够舍弃自身的话，就无法上升到更高的层次。魔的力量就是要阻止我们向上升华，尽一切可能把我们困在自我存在的意识状态之中，而这种力量极其强大。

现在的人类社会正是被魔控制在了手中。之所以会对谋害他人性命感到毫不在意，正是因为这是一个魔的世界。总而言之，正常情况下，凡事都以自我为中心的魔鬼般的灵魂本来不应该降临到我们现在身处的这个世界，可是现在却遍地都是。也正因为如此，我们这个时代也可以被称之为"魔的时代"。

稻盛 谈到这个深度，可就不是一般人能够那么容易理解的了。

从以前开始我就一直想要请教本山先生的一个问题是，为了开悟解脱而努力修行的时候，在抵达开悟境界的道路上是不是必须通过魔所把守的路段呢？

本山 嗯，这个，虽然作为修行的一环，修行人都必须进行辟谷禁食，但这却是一种难耐的体验。当我们开始禁食时，需要在一周到十天的时间里不吃任何东西。并且在完全禁食的情况下，从早到晚200遍、300遍地诵读《般若心经》。仅这个过程每天就需要坚持8个小时。在我们饥肠辘辘的时候，又必须坚持诵读心经，这就使得我们没有空闲去在意自己的身体。每当此时，神佛的力量就会倾盆注入，加持我们迅猛上升到更高的层次。但是在这股神佛的力量到来之前，魔会先来对我们进行一番考验。

稻盛　现实中那些产生严重问题的新兴宗教或许就是因为他们的教祖受到了魔鬼的引诱，才导致最后的悲惨结局。比如瑜伽在通过冥想寻求解脱的时候，如果没有功夫深厚的明师在一旁指导，那么就会误入魔的世界。

本山　在修行的时候，一旦心中产生任何欲望，则必将身陷魔爪。由于我们容易着魔，因此在修行的时候也就绝对不可有任何诸如想要当这个、想要做那个的思欲。只应该相信神佛，安心打坐。

要想否定自己是一件至难之事。同时又必须进行禁食。在长达 10 个小时的时间里，什么都不能做，只可端身静坐，甚至不可有稍许的晃动。可是保持这个样子才坐上 3 个小时，就已经腰酸背痛，脑袋像是要爆裂一般，全身上下的痛楚感令人无法忍受。

但是，只要我们坚持下去，不为所动，就会有豁然开朗的那一刻。只是一般的修行人大都很难通过这道关卡。当然，这样的修行一次还不够，需要不断重复，直到最终像我们这样在聊天谈话时神佛的力量也照样会由顶而入。所以，仅仅是感觉到"something great"是远远不够的，这种感觉只说明神佛还没有与我们融为一体。

日本有的新兴宗教的教祖简直如同对待奴隶一般地对待自己的弟子。在真正的宗教里，师祖则一心想让弟子们都最终自立、自思、自主。师祖指导弟子的目的是为了让他们能够拥有无尽的大爱、创造力和智慧，并让他们能够保持正确的方向，以对世间的大爱主导自身的行为，成为一个真正自立的人。

但是在有的宗教团体里，师祖通过修行获得一定的通灵能力后，却以此来奴役自己的弟子。弟子只能完全遵从师祖的命令，这些弟子通过修行得到的就完全是魔境了。

只有力图使人能够实现自由自立的才是真正的宗教。只完全依附于特定的人，必须对其言听计从的宗教绝非正道。只要我们在为人处世时能够坚定地秉持利他之心，那么不管在任何时候都将获得神佛的加持，当我们心有所动时，自然而然地就会获得圆满的结果。

常怀自省之心

稻盛 我本人不曾有过如本山先生经历过的这种神灵附体

的体验，并且对于灵修方面的事情也知之甚少，但是在日常生活中倒是一直都在努力让自己心灵清澈，成为一个满怀善意的人。因此我在生活中总是不断地进行着自我反省。如此一来，虽然没有与神灵进行过直接接触，真实感触到他们的存在，但是却能感受到似乎所有的神灵们都在加持守护着自己，从而让我得以度过极其美好的一生。

本山　正是因为这样，你才能够获得成功。

稻盛　确实如此。如果能够拥有像本山先生您这样的通灵能力，再加上严格修行的话，或许就能够真实感受到神灵的存在，不过我却并没有这样的能力。然而，即便不具备宗教精神方面的特殊禀赋，也同样应该能够总是让自己的心念保持正道。虽然有些像是在老生常谈，只要我们能够常怀反省之心，让自己的心念朝向正确的方向，只要能够持之以恒地坚持几十年，那么最终上天必定会给我们施以援助之手，让我们能够实现不凡成就。

事实上，人性脆弱，常常会犯下各种错误和罪孽，但是不管我们误入怎样的歧途，重要的是我们都能够通过反省来重归正道。我们也正是通过这样的方式在人生的道路上修炼自身的灵魂。

说到灵魂这个东西，或许世间没有太多人相信它的存在。

对于这些人，我想要说的就是："你尽可不用相信灵魂的存在，只需将灵魂这个概念换成心好了。只要你能够拥有美丽的心灵，同样也能够得到神灵的护持。"

如果用这种方式来解释的话，我相信大概很多人就能够理解本山先生刚才所说的内容的真实含义。本山先生由于能够见证常人无法感知的灵界，因此所感受到的许多东西是我们常人难以企及的。但是即便如此，我也依然坚信灵魂的存在。冥冥之中，我相信就算肉体消散了，在我们死后，灵魂依然会在另外一个世界中开始新的旅程。

我相信人在死亡之时，原本与生俱来的灵魂、心以及真我，再加上我们在世间时后天形成的，被称为"业"的各种情感和念头共同构成一个新的灵魂，重又踏上另一段旅程。

正是基于这种认识，我才会反复强调我们应该尽一切可能，消除我们灵魂中扭曲错误的地方(当然，要想实现真我，则必然需要历经艰苦的修行)，让自己在离开这个世界时，灵魂多少要比当初来到这个世界时更加美好一些。虽然我终究无法到达像本山先生这样的境界，但是我相信，只要一心努力精进，同样也能够得到最终的解脱。

所以我才会对那些为企业经营所困的中小企业家们宣讲到：

"社会上有一些人将你们大家贬为商人而极尽鄙夷。可是我却要说，正是你们养活了 5 个、10 个员工，要是把你们手下员工的家人也包括进来的话，人数就更多了。仅此一点，你们就作出了非常伟大的贡献。在这个独自营生尚且艰难的时代，你们却还要经营企业，为许多人提供生活保障，这实在是一件了不起的利他行为。因此，你们大家要更加自信，鼓起更大的勇气。在推动自身事业时，不为私心贪欲所蛊惑，乐于利他。诸位如果能够秉持这种心态，积极投入各自工作的话，不仅自身心性将会得到升华，事业同样也会取得成功。"

本山　这确实很重要。

稻盛　那些能够认真遵循我所说的这番话的企业经营者在事业上都获得了成功，连他们自己也觉得不可思议，感叹道："自己的公司获得了令人难以置信的发展。"

本山　对的，理应如此。

稻盛　有一位企业家曾经这样告诉我："如果不是得到了稻盛先生的教诲，依旧为了个人的私心贪欲维持经营的话，大概我的公司早就倒闭了。自从我按照稻盛先生的教导，秉持利他之心从事企业经营以来，公司状况获得了长足的改善。"

事实上，我收到了一大堆像这样的感谢信。

本山　这些恰恰正是灵性得到了成长的证明。要想奉行利他，没有爱心和智慧是万万做不到的。只有具备了爱心和智慧，我们才会去甘心帮助他人。无论是个人、企业还是国家，如果都能够效仿稻盛先生的话，这个世界就会充满和谐。不管是日本的首相、美国的总统，还是经济界的人士，如果能够践行利他的话，那么一切问题都将迎刃而解。由于利他行为源自于对他人的怜悯、关怀和爱心，因此只要能有这种大爱，上苍自然就会眷顾我们。所谓上苍，其实就是爱与创造力之所在。当我们怀揣爱心，决意利他时，就会得到上苍的加持，从而让我们获得远超自身预估的能力。关于这一点，我希望能够有越来越多的人了解。反过来，那些自私自利的人则只会沦为恶魔的门徒。总而言之，当我们在践行利他行为时所生出的智慧都是自然生成，而非经由个人的思考所得。这种自然生成的、醍醐灌顶的智慧正是创造力。

稻盛　创造力，也就是如本山先生所说的醍醐灌顶的智慧，又可以称之为灵感。只要我们能够一心利他，那么自然会获得这样的灵感，从而成就我们的事业。

本山　这种境界是任何人都能够达到的。我们与猴子不同，任何人原本都具备了这种能力。因此我们或多或少都应该努力去帮助他人。并且，如果我们能够全力以赴地利他的话，终究有一天将会超越自身与其他事物之间的对立，成就大我。如此一来，上苍的力量自然将会与我们同为一体，让我们的一切愿望都能够得以实现。

动机善否，私心存否

稻盛　这里让我回顾一段往事来为本山先生所说的这段话作出诠释。

在 25 年前，全日本的电信行业都是被电电公社（日本电信电话公社的简称，NTT）所垄断，当时日本政府决定要废除电信行业的相关管制，允许进行自由竞争。于是，我就开始考虑要做点什么来降低日本的电子通信价格。

这是因为在那个时候，日本的电子通信费用要远远高于美国。那时，每当我为了营销业务到东京出差，在拿到订单，签下合同之后，都会赶紧找到公共电话，向位于京都的总部报告具体详情。当时东京打到京都的电话费是每三分钟 300 ~ 400 日元，因此我就得接二连三地往公共电话投币口里塞 10 日元硬币。稍微没接上的话，电话立即就会断掉。可是同期的美国，即便是打横跨整个大陆的长途电话，费用也非常低廉。

正是基于这种体验，我才会常常切身感受到日本过度高昂的电信费用，认识到这必然会给已经进入了信息化时代的日本民众造成困扰，因此有必要想办法打破当时的那种垄断体制，实现通信费用的低廉化。

为此，我期待借助通信领域自由化的契机，能够早日出现足以对抗电电公社的企业，可是盼望的公司却迟迟没有现身。

当时，电电公社的销售额高达3万亿~4万亿日元，规模在日本企业当中首屈一指。所以，不管是哪家企业都会对挑战这个庞然大物表现出踌躇。于是我转而希望能够以经团联（日本最大的企业协会——译者注）等机构为中心，由日本的各大企业组成一个协会来推动电子通信费用的低廉化进程，可是这个想法依旧难以实现。

正是在这种状况下，当时位于京都的中型企业，年销售额还不到3 000亿日元的京瓷才第一个站出来表示："如果没有其他企业愿意来做的话，那么就让我们来吧。"这让我那些在东京的经济界友人们大感意外，纷纷表示："你不是在忽悠吧?"

尽管我本人当时对于像京瓷这样的一家中型企业去挑战日本代表性大型企业的做法也不是很有把握，但是我考虑到如果谁都不出头的话，就无法给日本电信业的垄断体制划上休止符，也就最终无法实现通信费用低廉化。最终，我才在迫不得已的情况下作出了这项决策。

在正式表态之前，我对于这项决定的真伪进行了反复的自审。

你想要插手电信业的动机是否真心出自纯善的愿望，抑或还夹杂着自己的私心？我将此简化为"动机善否？私心存否？"，每天晚上在就寝之前都要不断做自问自答。在经过了 6 个月的自问自答后，我终于得以确认，自己的动机完全出自纯善，毫无任何私心，于是才正式拍板实行。

可是，在我宣布这个决定后，竞争对手们立刻接踵而来。当时的日本国铁（现在的 JR——日本铁道）为了保证火车的正常运行，早已在日本全国沿着主要铁路线敷设了铁道电话网，因此也就拥有现成的通信部门和技术。因此在我站出来后，日本国铁也随之意识到："既然连一个通信业的门外汉都愿意来介入这个行业，那么像国铁这样拥有现成的通信队伍和技术的企业，只需沿着东京至大阪的新干线敷设好光纤线路，轻轻松松地就能够布设好基干通信网。"于是日本国铁也紧随之后设立了日本电信公司。

看到这种状况，当时的日本道路公团、建设省（现在的国土交通省）以及丰田汽车公司相互携手，同样也表示："我们只要沿着高速公路敷设好光纤线路，同样能够易如反掌地建立自己的电信网络。"最终共同建立了日本高速通信公司。

在通信业三家新公司当中，最早宣布进入通信业领域的京瓷组建的是第二电电(现在的 KDDI) 公司,不过当时我们既无相关通信技术,又毫无敷设通信网络的基础,一切必须从零开始。因此周围许多人都认为:"第二电电将会是第一个倒闭的公司。"可是到现在再来看,第二电电已经变身为 KDDI,依然保持着成长发展的势头,而当初的日本电信和日本高速通信这两家公司则早已消失得无影无踪了。我认为,结局的不同正是源于当初创业时各自意愿的坚定与无私程度。

看到 KDDI 所取得的辉煌,众人都称赞"稻盛先生真是了不起",然而,我却认为这番成就并非是基于我一己之力,而完全是得到了上天帮助的缘故。

本山 是的,你的这些成功的确是得到了上天的眷顾。

稻盛 我能够深切感受到,正是由于我是基于利他心念投身于事业之中,所以上天一刻也不曾中断过对我的眷顾和帮助。在某种意义上,通过 KDDI 的发展过程,我亲身证明了,只要怀揣利他之心,不管是企业经营还是我们的人生都必然会收获硕果。

本山 稻盛先生即便在奉行利他行为时,也总是会反复自省自己想要做的事情是否"出于个人的贪欲"。这也正是让我们的灵魂得以成长升华的最有效途径,无法以此奉行的人,不管如何修行都必然会误入歧途。

　　然而，并非是任何人都能够成为一个怀揣利他心的人。这是因为，不管大家相信与否，迄今为止我看到过许多人的前生往世，那些前生就以利他心行事的人在出生到这一世时，自然而然地就会依旧保持前世的习性。因此，并不是每个人都能够成为如稻盛先生这样的人的。

　　此外，我在拜读稻盛先生的著作时，读到稻盛先生在出家为僧、亲身修行时曾经感叹"开悟至难"，但是据说释迦牟尼佛祖也曾经说过，他自己"曾经经历过无数前世"，所以我们需要经过无数轮回转世才有可能最终开悟。空海大师（日本著名僧人，曾经随遣唐使来华求法，对于佛教在日本的传播作出了重要的贡献——译者注）应该也是同样如此。所以没有谁能够仅靠一生一世的刻苦修行就能够得到开悟。

　　不过，在迄今为止的 400 万年间，人类已经创造了如此灿烂的文明。之所以能够如此，归根结底是因为人与猴子不同，拥有通过不断反省来超越自我的能力。并且，在迄今为止的数千年间，那些总是不断奉行利他行为的人在重新轮回转世时，就成为了创业者。

二、为什么会有那么多的人自杀

重新认识正在遗失的教养的重要性

稻盛　自从 1998 年以来，日本每年都有超过 3 万人自杀，为什么自杀者人数会增加这么多呢？

本山　最根本的原因还得归咎于只顾自身利益的心态，也就是屈从于物质原理的社会风潮的泛滥。所谓物质原理与熵①是一个道理，也就是说，任何物质都是由秩序状态向无秩序状态转换，而这种转换最终将导致世界的毁灭。我认为这个原理代表了当今社会的一大特征。

另一个问题就是现代人都缺乏必要的教养。比如心中完全没有诸恶莫作的自觉意识。如果我们既不去做有利他人的行为，

----

①　表示体系的混乱程度——编者注

也不去努力培养自己体谅他人、与人和谐共处、关爱大自然的心量的话，就只能被禁锢在自己的一小片空间中了。

由于这种只在意自身存续的做法立足于物质原理，因此最终只会以毁人毁己告终。这就像毁坏其他物品一样，同时也在不可自控地刻意毁坏自身。如果如稻盛先生这样，能够以第三者的立场来反省自身，警戒自己不为私欲所驱使的人倒还罢了。但那些无法如此进行自省的人就只能深深地陷入自己封闭的内心之中。

如果是这样的话，一个人一旦找不到逃避的出路，就只能选择死亡了。这也正是当今这个被物质原理所支配的"魔的时代"的现状。在魔支配的时代里，不管是自杀还是杀人，都有如家常便饭一般。总而言之，众人对于谋害生命都如毁坏物品一样毫无任何罪恶感。

稻盛　这大概也是因为受到二战之后的日本教育否定了宗教和道德的影响吧。

本山　确实如此，现在的日本既无宗教也无道德。

稻盛　日本的团块世代（特指日本在 1947 年到 1949 年之间出生的一代人，是日本二战后出现的第一次婴儿潮人口——译者注）就是在这种状况中成长起来的，现在他们的年龄都已经超过了 60 岁，并且不管是这个群体，还是这个群体的孩子们，都缺少品行教养。他们甚至连判读基本对错的教育都没有接受过，因此往往都只在乎自身利益。正是由于如此，他们才会毫不在意地去选择自杀或者杀戮他人。根源其实都是一样的。

本山 战后日本人在物质方面获得了巨大的丰足，也就是所谓的"一亿日本暴发户"所造成的影响也同样不容忽视。正如我们在前面已经说过的，像我俩这个年纪的人，当初连想要吃碗白米饭都算是个奢望。可是后来当我们收入逐渐增加，拥有更多可以随意支配的金钱后，就开始迫不及待地大肆满足子孙们那些在我们年轻时不可企及的物质欲望。这就有点像我们总想在电冰箱里塞满各种食物一样。

虽然我也能够理解这种做法完全是出于父母对子女的爱，但是如果为了提高生活水平，两口子都出去工作的话，就自然只能将子女放到一边，无暇给予应有的家教。而作为子女，一方面衣食无忧，想要的任何东西都可以轻松得到；另一方面，即便做错了事情，由于父母都不在家，因此也没人会知道。尽管祖父母倒也能够担负起对儿孙进行家教的职责，然而随着社会进入经济高速增长的时代，传统的大家庭逐渐萎缩，仅由父母和子女两辈构成的小家庭成为了主流，结果导致祖父母也难以给儿孙进行指导。在这种环境中成长起来的人最终只能被物质化，陷入自身封闭的空间之中。

稻盛 情况的确如您所说。

本山 人的心最基本的当属不由意识控制的那一部分。人的大脑，在脊髓的上方有一个叫脑干的组织，其功能是控制心脏和肺运动，调节体温。人体不管从外部遭受到的刺激还是从内部遭受到的刺激，都是由此传递到大脑的各个部位。

脑干最重要的作用就是维持生命机能，也就是说，由于脑干出于人体自身自我维持的需要，对于来自外界的刺激会无意识地产生攻击反应，这也是人生存的基本功能。

一旦我们的脑干出现异常，身体就会发生各种各样的问题，无法有效应对外界刺激，对于外界反应就难以作出正确的判断。最终导致我们要么自杀，要么对他人采取攻击行为。

如果这样的情况持续下去的话，我相信如上面所说的这些人将会越来越多。如果连续经过三代人，结局就将万劫不复。凡是以自我为中心的人，完全不会意识到自身的这个缺陷，只会深陷于自我禁锢的囚笼之中。这也就是佛教所说的"无明"。

不过在年轻人里面到底还是有一些不一样的人。我内人由于接受了髋关节手术，因此行动非常不便，不过当她外出坐地铁时，常常会有年轻人给她让座。所以，即便我们身处一个"魔的时代"，依旧还是有不少心地善良的人。所以说，即便世间出现了各种各样的问题，我依然没有对日本现在的年轻人感到过失望和担心。

稻盛 也就是说，您并不悲观。

本山 对！美国各地每天都上演着凶杀案件，有的人说，在美国杀个人根本上不了新闻。但是，在与现实相违的虚构世界里确实包含着各种各样的危险。在网络世界当中，一旦创建了基于情感、图像和欲望诉求，足以吸引同类群体的网站，立刻就能招致具有相同理念者蜂拥而至，为众人的情感和欲望诉求推波助澜。

随着网络和手机的普及，自杀或者杀人以及随意为恶者的人数也在不断增加，这也正是虚拟世界的可怕之处。在某种意义上这就有些像是哲学。尽管人类的感觉和知觉都会对现实产生反应，但是当知觉被概念化时，哲学家思想的世界就完全成为了虚构世界。

二战之后，哲学曾经非常流行，因此我才会在大学里选择了哲学专业，可是进去后却感觉到："这完全是门强词夺理、自圆其说的学问，实在是令人无法忍受。"（笑）

持有以哲学来引导众生之理念的人，其实属于宗教家。无论是亲鸾（日本佛教净土真宗初祖）还是道元（日本佛教曹洞宗创始人），都通过亲身体验得以创建了理论体系，然后在不断思考淬炼的基础上，最终使之得以引导世人。

然而即便同属虚拟世界的事物，数学却可以完美地用来诠释物理学。这是因为数学本身就是在结合了现实世界的物理现象与四则运算规则后才得以产生的。因此数学才最适合于解释物理现象。然而哲学却无法做到这点，在某种意义上，哲学完全是虚拟的产物。虽然数学也是虚拟的，可是由于其与现实世界紧密相连，因此这就成为了数学与哲学最关键的差异点。

稻盛 广中平祐（日本数学家，京都大学名誉教授——译者注）要是知道了您的观点一定会很开心。（笑）

本山 最近出版的书中也提到了这些概念，也就是与"既非理论"（《心经》的"色即是空，空即是色"所传达的思想）相关的内容。在"既非理论"的世界当中，1+1 的结果要么是1，要么是0。可是在数学的世界当中，1+1 公式中的这个1只能是1，因此这个式子的结果只能是2，绝对不可能是1或者0。

可是稻盛先生正在亲力奉行的利他行为却能让众人之心合为一体。因此对于这个理论则不会有任何突兀感，不管是一百人还是两百人，都能够聚合成一。所谓宗教的世界就是这样的一个世界。因此显而易见的是，如果能够成就这样一个世界的话，聚集于这个世界当中的众生就能够得到巨大的助力，获取超越自身的能力。

　　如果能够意识到这一点的话，我们就能够明白"神灵与我们同在"，彻底理解什么是"something great"。尽管我们也可以进行如哲学家和数学家那样的思考，但是真正能够帮助我们抵达开悟彼岸的智慧却是一种直觉，并且这种直觉本身就具有创造力，而稻盛先生正具备了这种智慧，因此是一位了不起的杰出人士。

　　稻盛　谢谢！

第三章
人的本质与磨砺灵魂的人生方式

思考为人立世的意义

灵魂来自何处，又去往何方

磨砺灵魂的生活方式

一、思考为人立世的意义

众生是上帝创造的吗

稻盛 现在希望本山先生能够就众生是怎样的一种存在，以及众生的由来给予教诲。

本山 简单地讲，人是上帝创造的。但是问题的关键在于上帝是如何创造人类的。关于这一点，不仅不见于任何学术书籍，连佛祖释迦牟尼也没有给出解释。虽然耶稣基督对此稍有所触及，但是不管怎样，我也只能根据我本人的体验来阐述这个主题。并且，刚才稻盛先生提及的"真我"大概指的就是人类灵魂的根源，我将这个更深层次的话题也包含进我将要展开的话题之中。

人死之后，灵魂就会离开我们的肉体。灵魂在层次较低的灵界中会拥有身体(灵体)，因此，通灵者才能够观察到灵魂的存在，而这个层次较低的灵界即是业的世界。

正如前面已经提到过的，在层次较低的灵界中，心的主要功能就是进行与情感、念头、欲望相关的活动，这就与网络世界具有极大的相似点。并且随着层次的不断上升，种族和性别等差异就会被逐渐超越。在灵魂的世界里具有各种各样的不同层次。为了让大家能够理解灵魂的存在，我这里举几个自身曾经亲身体验过的实际例子来作说明。

首先，就是镰仓时代的幕府权臣三浦氏与北条氏之间的战争。由于这场战争给日本带来了灾难业障，因此为了消除这个业障，我曾经亲赴三浦家族被灭除的冈本(镰仓市)，到三浦氏与北条氏进行最后一战的洞窟中举行消业仪式。并且我还到了据称是三浦氏被杀的鹤冈八幡官的后门，可是令人感到不可思议的是，在那里却感受不到任何仇怨之气。我在冥冥中感觉到在那个地点附近就是三浦家族被灭门的场所，再三认定后终于确切指出了三浦氏被害之处。

接下来，我又去了北条高时(日本镰仓时代镰仓幕府第十四代执权，1333 年后醍醐天皇的倒幕计划引发元弘之乱，新田义贞率军攻击镰仓与幕府军对战，幕府军大败。北条高时与其他北条氏成员在镰仓东胜寺自杀，享年 31 岁——译者注)自刎之处，这个地方的清净也同样让我大感意外。北条高时灭亡时，本族数百人都自杀于此，所以理应在这个地方留下了冲天怨气才对。

可是，当我离开那个地方时才发现，就在边上有一个约 100 年前建立起来的基督教礼拜堂，并得知信徒们每周都会在此进行祈祷仪式。正是因此才使得这个地方的冤魂得到了抚慰和净化。

尽管在我们这个世界的神灵和灵魂界具有基督教和佛教的划分，但是在更高层次的世界里，就不再存在这种区别，祈祷本身具有消除仇怨的功能。人类原本就拥有这种能力，这也就是佛教所谓的阿赖耶识。

稻盛 也就是说，尽管宗教派别教义不同，但任何祈祷行为都具有相同的拯救灵魂的功能。

本山 正是如此。但是让北条高时的冤魂得到救赎的还绝不止于此。稻盛先生，在您自己的著作中写有因果报应和命运这样的内容，但是这个世界中必然会发生的因果报应与经由自由意志引发的因果报应是完全不同的。

在靠近这个世界的灵界之上还有一个不存在灵体的世界，这就是菩萨的世界。菩萨是一种没有灵体的存在，如观音菩萨那样，为了帮助众生，众生不开悟，自己就绝不成佛。由于菩萨既无肉体，也无灵体，因此也就不再是一种具有局限性的存在，而是像自由之处一样，成为一个如"场"一样的存在。

稻盛先生奉行的利他行为就是一个场，但是稻盛先生的场还只限于京瓷这个有限的范围之内，而菩萨的场的范围则是一个覆盖了日本、美国、中国等国家，能够拯救全人类的存在。在历经无数年月之后，人类终将能够因菩萨而得到拯救。

稻盛　如此说来，像我这样一个没有任何灵界知识和能力的人，也能够通过奉行利他行为来成为一个微不足道的拯救之场呀。

本山　对，但是要想达到菩萨的层次，还必须经过无数生的修行。只要一层一层地往上攀升，待到能够悟到"无"的境界时，就能够做到随心所欲，不受羁绊了。一旦我们能够达到这种境界，就会具备诸如治愈癌症和其他濒死患者的能力。一个开悟的人能够舍弃"自我"，与对方的灵魂合为一体，将上天爱的力量注入其中，令其起死回生。

刚才我说过，人是由上帝创造的，但上帝本身并非亲显为人，而是通过自我否定来化身成为一个一个凡人的。从这种意义上来说，如果要问人来自何处的话，大概就是来自于神吧。人类正是如此才得以产生超越种族和性别的差异。充满了智慧和爱才是我们原本的姿态。这也就是佛教所说的阿赖耶识，瑜伽所说的卡拉那(Karana)。卡拉那最基本的含义包括了人、原因、灵魂等。

然而，如果我们不能够进一步进行超越的话，便无法进入开悟境界。如若不舍弃个体性，令肉体与灵魂皆亡，则难以开悟。因此，想要指望仅靠一生或者两生就能实现开悟，是办不到的，必须历经无数次反复，上帝也得舍弃上帝的境界，以人和宇宙之物的姿态显现出来。人的灵魂本来就是源自上帝的。

稻盛　因此要想开悟，到底还是要经过严格的修行。

本山　虽然我本人在这一生中历经了苛刻的修行，但是光靠这一生是远远不够的。从四五千年前开始，就一直不断轮回转世，修行至今。对于这一点我以前就已经提到过了。

这里我要再说一个自己的亲身体验。几年前，美国的加利福尼亚州南部接二连三发生了严重的山火。我在那里创办了一所大学并兼任校长，当时，其附近的天空一片漆黑。于是学校职员给我打电话说："我们这一带状况紧急，请求校长进行祈祷。"于是我向上苍作出了祈祷，祈愿上苍令充满湿气的风从海上吹进山中，带来雨水。

结果还不到半天时间，海上就起了风，天气骤变，大雨倾盆，山里面甚至下起了冰雹，一下子就熄灭了原本势头正旺的山火。我还清楚地记得当时正在电视里直播山火的电视台记者冲着麦克风大叫"奇迹发生了"的情景。

但这一切并非是什么奇迹，而是上天使然。所以就像这样，不管是想要影响大自然，还是治疗重病患者，都是可能的事情。所以，如果没有这种能力的话，即便自称已经悟到了"无"，进入无念无想境界也并不是真正的开悟，绝对不能当真。

稻盛 也就是说，这并不是真实的开悟，与真正的开悟还有距离。

本山 上帝给凡间物质世界里的纯灵以及物质赋予了秩序，而且拥有创造万物的能力。然而，基督教尽管承认上帝创造了人类与万物，但是上帝、自然，还有人类之间存在着对立，基督教教义对于上帝究竟是如何创造了万物和人类，它们之间又为何会相互作用没有给出任何解释。

可是，一旦我们进入"无"的境界时，就有能力看清造物主的真相。即便造物主创造了这个宇宙，但是其终究依然是一个行为，因此又是一个必将毁灭的存在，而最终剩下的就是绝对的"无"。我们没有办法看清说透什么是"绝对"。是龙树（印度佛教的僧人）最早用不生不灭这个词来表示既不存在也不入灭的状态。

虽然上帝创造了我们的灵魂和这个物质世界，但是却依然无法表现出绝对之"无"这种状态。不管是宇宙、大自然，还是人类，所有经由造物主创造出来的存在都如同悬浮在"无"之中的泡沫，早晚都将破灭。

灵体能够保持长达数千年的记忆

稻盛　非常感谢本山先生宝贵的教诲。不过，我觉得您说的这些内容不是一般人所能够理解的。并且也不是所有人都能接受上帝造人的说法。我觉得或许可以从进化论的角度切入更有利于众人的理解。一般学术观点认为，地球上最早出现的生物，也就是所谓的原始生物经过不断进化，再一步一步演化为植物、动物后，才最终有了今天的人类，不知道您对此又有何想法？

本山　这应该是当今科学的一种假说。

稻盛　我个人认为任何植物、动物还有人类都只是"存在"而已，换句话说，我们可以把所有这些都看做是由宇宙的根本之物显现出来的不同形象而已。这个宇宙之本，有的人将其称为上帝，瑜伽教派则将其称做存在。

如果将动物与人作比较的话，人的大脑构造要更加复杂。当然，动物可以依靠更加敏锐的感官系统来认识事物，在这一点上它们要优于人类。人类则不依靠感官系统，而是基于大脑主导的反应作用来认识事物，从而拥有了无与伦比的意识。

我认为这种意识并不是孤立存在于宇宙之中。在我们这个宇宙空间当中，散射着无数频率的电波，如电视和通信的电波。人的意识应该也如这些电波一样，弥漫在整个世界当中。

本山　并不是您说的这样。在蕴藏于每一个人身体内部的灵体当中，一个记忆有可能一直存续数千年的时间。灵的这种超意识能够超越时空长久存续下去，不像电波会受到时空的制约。

人具有五感，在受到外部刺激后，不管是任何一种感觉器官都会随之生成电能和信号，传送到大脑中枢，形成各自不同的感觉，最后集中到大脑的侧头叶，各个感官的感觉合成一个统一的知觉，从而对刺激方产生一个整体知觉。这个物理过程全部都在人脑中完成。知觉并不是被记忆在大脑之中，而是储存于灵体的查克拉（Chakra，来自梵文，印度瑜伽体系指位于脊柱的中枢神经系统所发散的能量——译者注），并且能够超越时间，随着身体的存在而一直存续下去。

稻盛　也就是说，本山先生您能够感受到某种特别的东西。比如，当您访问历史上曾经发生过因果业障的场所时，便能够感受到这一切。您可以通过与这些场所中存在的灵体之间的接触，来感知千百年前人的痛苦和辛酸。

本山 正如您所说的这样。

稻盛 还有一个想要请教本山先生的问题是，印度人自古就认为通过阅读《阿伽师提亚之叶》（阿伽师提亚，Agasthiya，印度古代圣人和预言家——译者注）就能够知道现在和未来的事情，这是真的吗？

本山 我们每个人只有在经过无数岁月不断的轮回转世之后才有可能超越灵界，进入更高的、如菩萨的世界那样的层次。这也就是更胜于卡拉那的普鲁夏（Purusha，普鲁夏是印度哲学和指数论哲学的用语，我在这里所指的是不需要身体，超越了个人业障的神灵的意思）境界。当达到了普鲁夏境界，成为如菩萨一样的存在时，就将涵盖万物，而这种超意识自然也能够看清一切众生、民族、国土、因果业缘的过去和未来。

稻盛 那么据称记录了迄今为止宇宙一切已经发生过事情的《阿克夏记录》（Akashic records，全宇宙从过去到未来的记录）也同样是真的吗？

本山 这个不用问也知道，那些与菩萨或者神灵完全相同的圣人的超意识能够记住一切。就以我本人来讲，好几年前，我感觉到距地球 400 光年以外的地方产生了一个新的太阳系。大概半年之后，美国的麻省理工学院和日本的大学地球物理学研究组就发表报告称，就在我感觉到的方位观察到了一个新的太阳系。

尽管我还无法感知整个宇宙，不过我们这个银河系大致都还能感知下来。例如我就能够知道，银河系其他星球上也有生命存在。

因此，虽然平时我从来没有想过要去一一观想了解地球上的所有众生，但是我只要和任何人一打照面，就能立刻看清对方的一切，不需要专门跑到印度去查询那些"预言"，而这种意识也正是进入开悟境界的开始。

获得彻底解脱，再经由自我否定，并与万物融为一体的同时，又实现更高的超越。通过与宇宙万物的融合和包容，使自己的灵性不断进化。这三种方式又被基督教称之为"三位一体"。在物理学的世界里，一切皆由必然主导，但是在我所说的这个世界却与物理学的世界截然不同。

稻盛先生您正是通过奉行利他行为使得自身已经成为了一个场，只是您自己还没有意识到这点。实际上，您已经朝着开悟的世界踏出了第一步。

一直到近代为止，人类都还信奉着灵的存在

稻盛 没有没有，我还差得远。还有一个想要请教本山先

生的问题是，人类是从什么时候开始相信灵的存在，拥有灵性
能力的？

本山　关于这点我们通过与其他的动物进行比较，并对历
史进行回顾就能够搞明白了。科学家告诉我们，人从出生开始
就与猴子完全不同。就如前面也说过的，当获得了暂时不需要
吃的白薯时，为了不让其他同类抢走，连猴子都会将白薯埋到
土里藏起来以后再吃。但是猴子却不会对此产生任何"这是一种
可耻行径"的反省，能够进行自我反省的只有人类。

人类拥有超越当下自我，客观认识自身的能力，能够通过
自我否定来实现自身的成长，这就是进化。人类的这种能力源
于上帝的赐予，而猴子即便再经过数百万年也不可能获得这种
能力，因此人与猴子在这一点上有着天壤之别。

接下来再来谈谈连牛、猴子、猫都拥有的被称为"末那识"
的"异次元"灵性能力。

我还是小孩子的时候，有一次牵着头牛去坟地，缓步前行
的牛突然停了下来，不管如何抽打牛屁股，这头牛也动不了一
步，牛的眼睛里充满了恐惧，原来是见到了幽灵。像这些动物
也能够感知到较低异次元世界的灵魂。这就与学龄前儿童常常
会害怕黑暗一样，他们都可以看到徘徊于不同层次世界之间的
东西。

等到上学后，一旦小孩子们开始学习科学知识，掌握了自我维系的物质原理，逐渐开始进行自我束缚后，即便依旧能够看到那些异次元的东西，也会自认为"这些都是幻觉，没有什么值得担心的"。因此，也就不再相信灵的存在。与此同时，那些依然能够见到这些东西的人又往往会不顾一切地相信这一切，这也同样会造成问题。

自数百万年前人类诞生开始，食、色以及为了争夺资源的斗争就成为了人类生活的主题。但是通过遗址发掘和考古研究我们发现，20 万年前的尼安德特人就已经知道灵魂的存在。因此我认为人类从一开始就同时具备了对于物质和灵性的关心。

然后随着支配大自然能力的进步，人类开始烧制陶器，发明了弓箭长矛，采集技术愈加精湛，愈加有效地对大自然进行支配，使得人口也因此出现了增长，于是人类在血亲种群的基础上产生了一个个的种族和村落。

自 15 000 年前，人类进入农业社会后，出现了物物交换，产生了经济和货币等维系社会的纽带。从那个时候开始，人类社会的物质逐渐丰富，乃至变得余裕，这又进一步推动人类不再受缚于食色等基本欲望，从而开启了艺术的发展。再到距今两三千年前，真正的卡拉那世界，也就是阿赖耶识得以觉醒，耶稣基督和释迦牟尼佛祖这样的人也随之应运而生。

从这个角度来看就能发现，人类在最初的数百万年间的主题都是一成不变的食、色、战争，可是等到物质变得足够丰富，人类进入农耕时代，手工业得到繁荣后，人类的思维逐渐具有了更多的社会性，宗教也伴随其左右实现了进化发展。这一切得以发生发展的根源，就在于人类本来就拥有感知灵魂的能力。

稻盛　在以狩猎为主的文明社会之前，人类就已经会进行祭祀亡者的仪式了，这种做法是否正是因为人类自古就已经意识到了灵魂存在的缘故？

本山　即便是人类开始了社会生活，一直到近代为止，都依然信奉灵的存在，对之虔诚敬畏。据记载，100年前的瑞典，在进行与土地有关的审判时，都还会以"这是我去世祖父购买的土地，因此也必须听一听已经去世祖父的意见"为理由，为早已离世的人在审判所设立席位。

稻盛　也就是说，人类不仅在尚未开化的时代，即使到近代为止都还信奉灵魂的存在。那么，人死后，灵魂又会到什么地方去呢？此外，当被问到"人是什么"时，是否可以回答说"人就是在肉体中拥有灵魂的存在"呢？

人为何会转世投胎

本山 你这种看法或许就是最简单的解释。我曾与京都大学一位研究灵长类动物的专家围绕人类意识所进行的探讨。以人类为例，如果失去魂魄的话，那么大脑就只不过是一个单纯由细胞、氨基酸、碳和氮元素构成的物体而已，而这样的大脑自然是无法进行运作的。

那么，当人睡着时，魂魄与意识又存在于大脑的什么地方呢？事实上，这时意识并不在大脑的任何地方。我们在即将从睡梦中醒来的时候，交感神经会如快速眼动睡眠（Rapid eye movement sleep）一般产生反应，在我们醒来的那一瞬间，会对周围的事物茫然不知，需要经过一到两秒后才能够清醒过来，意识到自己身处何处。

曾经有一位 20 岁左右的少女陷入了既无意识、心脏也停止跳动的状态，最后等到魂魄进入身体里后才又有了知觉，从昏迷中苏醒过来。因此，身体和大脑都皆由魂魄驱使，只有当魂魄能够将身体与大脑作为工具加以驱使时，意识才得以产生。

大脑生理学家们即便能够弄清楚大脑用以记忆和思考的部位，但是对于意识的具体内容却依然一无所知。就算在人死后，继续保存意识内容的也并非是意识而是灵魂。

稻盛　也就是说，记忆就是意识。本山先生您所说的这番话是不是指濒临死亡的人能够脱离身体，从近处观看自己横躺着的身体？并且即使是在这种灵魂出窍的状态时，魂魄依然能够进入脑细胞，因此可以让行将死亡的脑细胞重新复活。

本山　魂魄事实上正是借助脑细胞为手段产生作用的。

稻盛　如此说来，我们可以把灵魂看做是一个巨大的意识收藏库。从我们出生之日开始，一直到迄今为止获得的所有经历无需特意回忆，全部聚集在一起就形成了我们的灵魂。在这当中不仅包含了这一生，同时还包括了往生的所有经历。

本山　正是如此，您总结得非常恰如其分。魂魄中的灵性意识可以超越时间与空间。比如，不管是前世为日本人还是美国人，各生的记忆都会完整地保留下来。现在有实验就是通过催眠术唤醒受验者对前世的记忆。

稻盛　这就是所谓的催眠术的退行作用吧。如此说来，灵魂就是包含了从过去到现在生生世世经历的意识体。

本山　也可以这么认为。只是在这其中起主导作用的终究还是神灵。如果不是有神灵存在的话，所有这一切就无法成立，不管是人的灵魂、肉体，还是整个宇宙都将灰飞烟灭。前阵子我有幸在某个学会与一群被称为瑜伽圣者的人进行了对话，他们的看法也基本上与我相同。

稻盛 终于有些明白了。那么，再请问本山先生，当人在即将死亡的一瞬间，会如走马灯一般回想起过去的各种经历，这个时候产生的这些回忆是不是存储于灵魂之中呢？

本山 对，当人进入这种状态时，会在一瞬间产生诸如"去世的爷爷现在就在这里"，"好几代之前的某个人就在这里"，"这个人就是我四辈前的先祖"等追忆起曾经体验的意念，与此同时，这也为我们与这些过往时代的人结下了纽带。一到四岁的小孩子有的时候也会进入这种状态。

为了便于理解，我再进一步解释一下我们与先祖之间的这种联系。

某家医科大学的一位精神科副教授从小就一直因晚上入睡前一只眼睛会突然看不见东西而感到焦虑和不安。由于他本人就是精神科的医生，因此他让自己认识的所有精神科医生都为其进行诊断，甚至服用了治疗精神抑郁的药，但症状依然得不到任何改善。

他尝试了各种治疗方法，但都无效，在他感到绝望时，来找我咨询。我让他坐在面前，仔细观望后我才发现，原来他与一座和源赖朝（1147—1199 年，日本镰仓幕府第一代将军，镰仓幕府创建者——译者注）相关的名为龙泉院的寺庙有着极深的渊缘，而这座寺院又位于高野山（日本佛教密宗真言宗的本山——译者注）的别格本山。当他在我面前坐下时，我自然就明白了这些渊源。

稻盛　本山先生只需要相对而坐，就能够看到一个人的前世，对吗？

本山　是的，我当时就告诉那位副教授说："您前世是龙泉院的第十代住持。当时的主政者北条政子（1157—1225 年，源赖朝的妻子，源赖朝以及其子源赖家和源实潮后，实质上把持了幕府大权）为了让与赖朝家族有血缘关系的龙泉院第十代住持同意接任幕府将军一职，专门从镰仓前往高野山亲自邀请住持。但是这位住持已身为出家人，以尘缘已断的理由拒绝了北条政子的请求。但是北条政子却不为所动，依旧固执坚持，于是住持就拔出短刀自毁了一只眼，然后以残损之躯不足以担当将军之任为由彻底断除了北条政子的念头。这位住持后来在 48 岁时离开了人世。"

那位副教授听了我的解释顿时显得有些愕然，他回答道："我的母亲正是龙泉院家族的成员，现在担任住持的就是我的表兄弟。"

然后他没有回自己家，直接从我这里赶往高野山，与那里的住持一起翻阅了历史文献，最后找到了如我所说的那一段记录。

大约 800 年前，那位基于自身意志而自毁一只眼的住持必然感受到了巨大的疼痛，而这种痛感在他许多年后重新转世为现在这位大学精神科副教授时依然被记忆在了灵魂当中，当个人意识变弱时，就会重新浮现上来。

上面说的这位副教授一直到 40 岁时都无法消除心中的焦虑。但是，在最终明白了自己前世的经历后，便对宗教变得极其虔诚起来，在经过两三个月的真诚祈祷后，心中的恐怖终于得到了化解。

稻盛　真的有这种事情吗？听了真让人感到惊讶。

本山　普通人是没有法子像这样感知到自己前世的因缘业障，谁会想到自己前生曾经是一名不凡的寺院住持呢。

就像我们在今生今世的短短数十年间，虽然也会遭遇众多不如意的事情，但是平时这些负面的记忆都在无意识中被压制了下来，否则随时随地都想起这些经历的话，我们就没法好好过日子了。如果凡人也可以回想起生生世世遭遇过的所有辛酸苦辣的话，那么也同样没法在当前这一世中好好生活。

因此，神灵在创造人类时特意让我们无法产生对前世的回忆。

二、灵魂来自何处，又去往何方

更高层次的灵魂即便无法看见也依然能够感知

稻盛　本山先生经常说在一个地方也会存在着业缘。根据我所听到的各种各样的实际事例，本山先生在过去曾经发生过战争或者杀戮的地方能够看到以前将士的样子，发现新的史实。并且这一切都能够在事后得以确证。那么我想请教的是，本山先生您又是如何认知到那些我们普通人无法看到的事物的呢？

我之所以想到要问这个问题，是因为我在电视里看到，通灵者能够在犯罪现场透视出包括诸如受害者遭遇侵害时的实际状况在内的案件全过程，并以此来有效协助警察破案，每当这个时候通灵者都能够清清楚楚地说出案件的各个细节。所以我们是不是也可以这样来理解，人类的经验与思考不仅能够作为意识存储于脑细胞当中，与此同时还会浮游在整个宇宙空间？

本山 在您所说的这些地方，我能够感知到不管是 2 000 年前还是 4 000 年前曾经发生过的战争或者喜事。这些地方留存着人类的各种念头。那并非时间或空间也非我们身处的物理世界。尽管这些念头留存在了当时的土地上，但是却与时间毫无任何关系。当时的怨恨如果得不到化解的话，不管千年万年都依然会作为记忆蕴藏于土地之魂中。

有能力感知灵界的人才能够看到灵魂的样子，而能力更加高强的人则能够自觉感受到在一个地方曾经发生过的事情。譬如在犯罪现场，事后感受到被害者遇害时所穿的衣服、被杀害的过程、受害程度等各种各样的信息。只是程度较低的通灵者尽管多少能够感知到一些灵魂的状态和怨愤之气，但是往往感知不出被害者遇难的因缘等细节。因此通灵能力也存在着高低之分。

这里我说一个我本人在京都丹波筱山的亲身经历。历史上，占据了出云（日本本州岛中国地方北部城市，属岛根县——译者注）一带的出云族与归附于大和朝廷的物部族曾经在此展开过一场血战。当我来到祭祀着出云族首领的一座很小的古坟前时，立刻就看到了各种各样的情景。

当时我看到的就是大约 2 000 年前发生的事情。出云族那些被物部族屠戮的成员生出极大的仇怨，如果没有人来化解的话，那么这股仇怨之气就算过上再多岁月也无法离开这个地方。

于是我就与同行的人一道在那里进行了祈祷。顿时原本万里无云的晴空就如现出出云族首领一般涌起漆黑的云团，并随之下起了冰雹。当我向出云族首领的灵魂表示道："时代已经变了，现在出云族的人和大和族的人都在和睦相处，所以希望你能够舍弃前嫌，也与大家一起和睦相处。"好像对方理解了我的话一般，顿时天空又恢复了晴朗。而这样的事情如果不是自己亲身经历过的话，是很难搞清楚的。

稻盛　本山先生您是有很多这样体验的人。您刚才说您能够看到 2 000 年前发生过的战争以及遗留在战场上的怨气，那么这些怨气又到底残存在何处呢？

本山　全都留在了那块土地之魂中。

稻盛　我倒是依然认为过去和现在所有意识都存在于空间之内，本山先生所说的土地是不是就是空间呢？

本山　不是空间，而是一种超越了时间与空间的存在。

稻盛　可是您需要亲赴实际的场所才能够感知到过去的事情，所以空间难道不正是关键之所在吗？

本山　并非如此，我不管身处何地，只要有想知道的事情，一瞬间就能感知到，这与空间没有丝毫的关系。

稻盛 正如刚才已经说过的一样，现在的整个宇宙空间中纵横交织着无数的电波，而发射和接受这些电波的通信技术的进步也是日新月异。那些和本山先生相同，拥有能够自由接收他人怨愤意识能力的人当然是没有问题，但是像我们这样的凡人却是完全搞不懂其中的奥妙。

本山 时间和空间都是根据相关函数，按照一定规律运动的。数学就是对此作出相应解释的学问。但是人的意志却无需任何函数，是完全超越了时间和空间运动的存在。从根本上讲，灵魂原本就是自由的。一个自由的灵魂不受任何束缚，一秒钟就能够收发巨量的信息。

稻盛 包括灵魂在内，我们每一个人的思想、体验、意识等所有这些到底又存在于何处呢？那些经历过濒死体验的人都常常提到，他们能从天花板上往下看到躺在床上、濒临死亡的自己。这就让我不得不认为意识是浮游在空间之中的。

本山 这些东西与其说是人类意识，还不如说是灵魂意识更恰当。我再说一个自己以前在伊豆峰温泉的亲身经历。我在那里住了一宿，然后穿过天城山回箱根，突然感觉四周与菲律宾碧瑶一带的山非常相似，我身边的人对此也有同感。

对此连我本人也感到有些不可思议。过了大约半年，我看电视时在 NHK 的节目上看到一位大学研究人员基于地质学调查介绍说，伊豆半岛是原来菲律宾附近的一个岛屿，由于板块运动，在小田原(日本本州东南部城市——译者注) 附近与日本列岛相撞形成的。刚开始时大家都对这个理论心存怀疑，不过事实上确实是这么一回事。

当时我就立刻想到，土地也是拥有灵魂的。不管是那块土地，还是日本国土，其实都拥有自己的灵魂，我们也可以将其称为神灵，不过，从造物主的角度来看，这个神灵的层次就要低了一些。不过也正是这个神灵完整保存了从日本列岛诞生以来数亿年间的所有历史。

如果我们能够感知这种意识，那么即刻就能够与其融为一体，并认清所有与我们打交道的众生。如此一来，我们就不会再与他人发生任何纷争。当我们大家都能够彼此认同、相互体谅时，就是爱在产生作用。这就与稻盛先生的利他行为是相同的道理，切实将爱付诸实践。爱本身并非意识，而是一种范畴更加广泛的存在。

稻盛　这也就是说，本山先生当时看到的不是山脉，而是那块土地的灵魂。

本山　人的灵魂尽管在千百年的岁月中不断轮回转世，但是却保存了所有时间的记忆。而灵魂中储存这些记忆之处，又可以被认为是生命能量中心。印度的修行者将其称做"查克拉"（chakra）。这也就与基督教绘画中常常会把心脏部分表现为一团光明是一个道理。这个查克拉是连接世间物理能量与不受物理时间和空间制约的灵性能量的通道。

虽然稻盛先生您自称无法看到灵魂的存在，但是您却已经深谙这个层次的道理。人的大脑只不过是灵魂用来交流的一个工具而已，我们利用这个工具来交流沟通，即可在灵性层次里达到相互理解。

灵魂的最终归宿在哪里

稻盛 关于灵性层次，本山先生在讲演和著述中曾经提到过"星光体"（Astral）、"卡拉那"、"普鲁夏"等概念，但是普通人对于这些却都很难搞清楚。此外，我们又该如何理解灵性层次与我们生活于其中的这个物理性现实世界之间的区别呢？

本山 首先，所谓星光体是指死后也依然无法从欲望和感情中解脱出来的灵性层次。我们可以把这个层次看做人死后立即就要前往，并等待重新回到我们这个世界的场所。佛教将其称为"末那识"，主要是以情感与念头为中心。在这个地方会生成如同我们具备的五感(色声味等)的超感。事实上，我们这个发明了电脑、网络、手机的现代社会就与星光体的层次非常接近。由于都是受到了基于个人喜恶的感情与念头的控制，因此利己行为极其显著，两者都属于只在乎和追求自己国家和公司利益，对于他人毫无关爱之心的利己主义世界。

星光体的更上一个层次就是卡拉那的世界，也就是稻盛先生所说的真我世界，佛将其称为"阿赖耶识"。在这个层次里，灵魂虽依然拥有身体（灵体），超感却已经不复存在，但能够依靠具有普遍性的认知直觉、智慧和形状生成能量。

这个世界的基础就是爱。在这个世界里没有只顾自身利益的自私意识，而是以关爱体贴他人为根本，并且所有的灵魂都融为了一体。

稻盛 也就是说，在星光体的层次里依然还伴随着如同人类的情感和欲望，但是在经由冥想和坐禅等修行之后，能够进一步上升到卡拉那，也就是真我的层次。

本山 就以夫妇吵架为例，当然换成兄弟或者员工也是一样。如果我们能够怀着体贴的心态，闭目细思的话，多少是能够感觉出和我们发生矛盾的对方的真正想法和要求的。这也正是灵魂的力量。

并且不管对方是身处美国、欧洲，还是巴西，无论距离远近，我们都能感知得清清楚楚。这一点正是灵魂世界——卡拉那层次的特征。

　　所谓相互共通的爱是不分你我的，一旦能够认清爱与灵魂，所有人就都将合为一体。因此，这时所有念头和彼此之间的看法将毫无差别。在灵魂的世界里是不分彼此、没有感觉的，这也正是与星光体层次不同之所在。

　　如果说星光体层次里欲望与情感是主导力量的话，那么卡拉那层次则完全属于爱的世界。星光体的魂魄在一定程度上能够控制星光体世界的物质，但是如果陷入像前面提到的丹波筱山部族首领那样仇怨之中的人，即便是过上再多岁月也依然会执拗地浸透于那片土地之中。能够拯救这种人的只能是超越了业力世界的人，也就是必须如圣人一样的存在，普通的通灵者是绝对无能为力的。

　　稻盛　那么比这个卡拉那更高的层次就是普鲁夏，对吧？

　　本山　如果从卡拉那层次继续上升的话，我们就进入了开悟的世界。在开悟的世界里我们不再有作为个体的身体，不再拥有自我，也就是说并非是一种灵，而是成为了神。在这种状态下，我们自然就能够容纳一切事物。譬如当我们容纳了日本后，就能够同时知晓过去、现在和未来发生的一切。一个觉悟的心不再拥有灵体，也不再是个人，所以能够自由无碍包纳整个宇宙。按照瑜伽教派的说法，这就是"普鲁夏"。

而比之更高的层次就是绝对空无的世界了。

正如弘法大师(774—835 年，法名空海，日本著名僧人——译者注) 在他的著作《十住心论》中所表明的，佛祖释迦牟尼体验了从感觉世界到开悟为止的所有意识。要想开悟，不知道自己的意识和身体、灵体及其意识是绝对不行的，但要想真正弄明白这些东西又是件非常困难的事情。但是不管是佛教、基督教，还是道教的实际修行者，对此的说法都基本上相同，因此其真实性是没有什么问题的。

稻盛　这么说来如果当灵魂升华到卡拉那的世界时，就将彻底摆脱那些交织不清的情感欲望，成为纯粹而又美丽的灵魂。凡是在这个层次的灵魂都洋溢着爱意和利他之心。

我经常说："要想把企业经营好，就必须提高自身的心性。"

这是因为："所谓提高心性也就是净化升华我们的心灵，要想实现这个目的，原本是需要经过必要的修行，然而企业经营者却又无法进行如宗教人士那样的修行。但是，如果我们能够精进努力、废寝忘食地投入到工作之中的话，那么就如同修道者的修行一样，同样能够让我们自身的灵魂得到净化。而当我们的灵魂变得更加完美时，又会影响到我们周围的人，我们的工作也将随之变得更加顺利。由于众人的美好灵魂能够超越时空相互帮助的缘故，自然就会让我们的事业和工作都能够更加和谐顺利。"

正如我前面已经说过的，我创办第二电电的初衷就是想要造福世间大众。尽管我当时一无技术，二无经验，老实说几乎没有什么胜算，但是这项事业最终却以超出想象的速度走上了正轨，最终在竞争中大获全胜。

本山 这实际上与我说的完全是同一个意思，日本的国魂向你提供了力量。稻盛先生您当时准备好要开始第二电电的创业行动时，因为您的意识与国魂合为了一体，所以自然得到了国魂的帮助。当我们能够进入灵界时，即便身陷严峻状况当中，身边的事物也依然会发动力量，将我们带上成功之路。

稻盛 确实如此，绝非虚言，如果能够让我们的灵魂得到净化和升华，那么我们的确会因此获得大利益。关于这一点我尤其想要向本书的读者进行强调。(笑)

灵魂是与物质层次截然不同的存在

本山 此外我还想指出的一点是，卡拉那层次的灵魂就是爱。蕴涵了爱的智慧才能够适用于一切事物。

就如当稻盛先生您在奉行利他行为时，国魂会很自然地向稻盛先生的灵魂中注入相应的智慧，以直觉的形式表现出来，这种直觉绝非源自于个人的思考。并且，如果不是基于这种直觉来进行决策，那么必将一事无成。

稻盛　凡人的思考总是局限于常识的范畴之内。上次我与梅原猛（1925—　，日本著名学者，以哲学和宗教学研究见长——译者注）先生进行对话时，梅原先生说："创造出自于一瞬间的灵感。想必稻盛先生也是需要依赖直觉。"事实也确实如此。当我进入一心不乱的状态时，无与伦比的直觉和灵感就会自然而然地喷涌而出。

本山　这就是当我们与神灵相交之时产生的直觉，然后我们只需依照这种直觉行事便可。并且，这种直觉所生的智慧拥有创造万物的力量，而我们依靠大脑思考获得的智慧不经过实践验证是无法知道正确与否的。

稻盛　并且这种出自直觉的智慧还能够与第三者相通。

本山　由于直觉的智慧拥有创造力，因此我们以此所产生的念头很自然地会成为令所有人都认同的智慧。这就是所谓直觉的智慧，因为具备了创造力，所以凡我们欲为之事皆能随愿成就，并且无须我们亲力而为，上天会替我们做好一切准备，协调妥当所需的一切助力和帮助。

稻盛　所以，如果我们觉悟不到爱的话是绝对不行的。

本山　对，爱就是创造力。

稻盛　爱就是创造力，说得好！这个说法与我常讲的"智慧的宝藏"异曲同工。就像我这样一个凡夫俗子，之所以能够做成一些具有创造性的事业，绝非是我自身的能力的缘故，而是因为上天有一个智慧的宝藏，我亲临其处，并从上天那里获得了大智慧。

本山　这种时候，最关键的是，我们自身拥有的究竟是怎样的一种意识。即便知识再多，也不一定就能改变现实。有能力改变现实的，都是能够做到无我的人。当我们心怀对人之爱时，很自然地就能够进入无我状态。

稻盛　也就是说，为了接近上天创造的智慧宝藏，我们就必须首先让自己拥有一颗美丽的心灵。如果我们的心中不能充满爱的话，那么智慧宝藏的大门就只能对我们紧锁。

本山　对，正是如此。我们必须从小我中彻底解脱出来，终究需要否定小我，从某种意义上说，就如同需要死上一回一样。修行者们之所以不顾一切地精进修行，就正是为了终结小我。

稻盛　关于灵魂，我现在对于星光体和卡拉那层次多少有了一些认识。可是，尽管我对于佛教和瑜伽教派多少还有些了解，却依然无法亲身感受到这些层次的世界。所以我认为本山先生还是有必要对此作一些更基本的解释。

本山　您已经明白了人是有灵魂的。一旦失去灵魂，人就会丧失生命，只有当灵魂入体时，我们的身体才能够活动。在灵魂的世界里，从上天创造之初就具备了爱、智慧和创造力。助人利他，所有人都同感共情，拥有相同智慧是这个世界的法则。

稻盛　在本山先生的著作当中记载着好几个例子都是灵魂离开后，肉体立刻陷入假死状态，当灵魂被重新唤回肉体时，心脏开始跳动，呼吸重现，人又活了过来。然而就算如您所说的，灵魂一旦离去，人就会死亡，可是我对于灵魂到底是什么依旧难以搞清楚。灵魂这种东西究竟是在什么阶段寄生于肉体之中呢？

本山　虽然有着诸如人在受胎之时就拥有了灵魂等各种各样的解释，但是灵魂与肉体是各自对立的存在，灵魂只是在肉体诞生的瞬间进入而已。但是医学尚不能解答我们在睡眠时意识又到底存在何处。当我们从睡梦中醒来时，感知性格会重新归位如常，可是此中机理构造是怎样的？并且就算我们能够了解清醒时的意识和睡着时的大脑状态，然而灵魂究竟居于何处？

意识又存在什么地方？对于这些问题，现代医学全都无法给出明确的说明。

稻盛　那么假设有一个灵魂想要投胎转世到他认定的父母之处，如果上天同意他的选择的话，那么到底是上天为这个灵魂的投胎转世来准备好匹配的受精卵呢，还是在相应的卵子受精的瞬间，由灵魂自身来决定？

本山　如果这个灵魂达到了卡拉那层次的话，就能够自己来作决定，但是没有达到这个层次的灵魂则只能顺应业力的法则了。此时的因果关系属于心的因果关系，而非物质因果关系，所以在灵魂投胎转世之前，其父母早已遵照业力法则确定好了。

至于当我们投胎为人后，在睡眠时灵魂又在何处的问题，这种情况下有一半概率是游离于身体之外的。不管是在作瑜伽修行，还是进入无梦的沉睡状态之中，我们的灵魂都是离开了肉体，在灵界里悠然飘荡。那些能够做到灵魂离体的人对此都有着切身的认识。

总而言之，大脑只是个工具，灵魂通过调动大脑来产生意识，所以一旦灵魂离去，我们也就不再有意识存在，身体也随之再无法活动。灵魂的能量与物质的能量全然不同，物质之所以会最终毁灭是因为物质的能量必须遵从熵的原理（热力学概念，指物质的熵只会不可逆地逐渐增大，而熵值越大，物质结构越混乱）。

稻盛　灵魂确实可以解释为完全不同于物质的异次元概念。最后请就具备灵魂的智慧作一些解释。

本山　这是一种涵盖了所有人的智慧，可以为我们带来和谐。因为这种智慧具有普遍性，所以没有人足以对这种智慧表示异议。与此同时，这种智慧又创造了万物，并赋予了秩序。

举例来说，为日本的社会、国土、生于斯的众生等赋予秩序的就是直觉知。如果没有这些事物存在的话，直觉知也就成了空话。因此，所谓直觉知也就是不仅局限于人类，而且对于万事万物也都具有普遍性的、促成整个宇宙自然和谐共存的智慧。

三、磨砺灵魂的生活方式

从迷于"三毒"的执著中解脱出来

稻盛　有史以来，人类不仅信奉灵魂的存在，同时还与其共同生活在一起。但是在佛祖释迦牟尼和耶稣基督来到世间的那个时候，人类陷入了如同佛教所说的"三毒"——贪、嗔、痴的生活当中。这种状况绝对不能继续下去，为了让众生能够从中得到解脱，于是佛祖释迦牟尼悟到了慈悲，耶稣基督悟到了爱，并以此来引导众生。从那之后，人类的灵魂多少得到了一些净化和改变。

本山　虽说人类曾经与灵魂共同生活在一起，但那都是层次较低的灵魂。当人类试图从以食色欲望为中心的生活当中感悟到智慧与爱时，就会开始试图控制自然，这也正是科学诞生的缘由之一。

人从上天那里获赐的灵魂原本就具备了控制自然的能力，以及与人和谐相处、体贴关爱的能力。因此，当佛祖释迦牟尼与耶稣基督向世人教诲到不要沉迷于食色争斗的生活，而要慈悲爱人、重归我们的本性时，众生会很自然地对此认同并接受。

稻盛 但是就在世人开始追求美好意识，灵魂有所升华时，却又开始了近代化的进程。虽然现代科学取得了惊人的进步、铸造了无与伦比的物质文明，但是除了少数觉悟者，大多数世人依旧沉沦于"三毒"之中。正是因为这样，我们的这个社会才会乱象丛生。

本山 现状确实如您所说的这样。但问题是造成这种状况的根源在于何处，以及为什么众生会迷恋于物质追求之中。

尽管净化的灵魂拥有创造和改变物质的能力，但是随着科学的进步，日心说的出现，世间众生于是开始改而信奉科学。人们发现基督教的宇宙创造论似乎并不准确，宗教和科学，也就是宗教与人类的知识无法一致。

接着人道主义又随之登场，结果导致众生过度相信自身的力量，从而陷入了对于物质穷凶极恶的追逐之中，最终导致了当前这些乱象的产生。

但是从过去的例子中就能够发现，上天在促使人类完成灵性成长的过程当中，对于那些堕入物质层次世界的众生会给以毁灭。在古巴比伦，虽然也曾经有过和佛教或者基督教那样的宗教，但是后来由于众生对于大自然的破坏，招致了自身毁灭的下场。凡是破坏了大自然的人类，最终都无法逃脱灭亡的结局。

现在的人类恰恰正在开始做相同的事情。不过我相信，上天为了让陷于物质追求的人类能够真切地感受到这种做法的严重性，一定会制造机会令众生醒悟。基于这个认识，我估计此次的世界金融危机最终一定会得到有效解决，人类并不会因此而灭亡。当然，如果最终确实无法收场的话，人类倒是有可能就此终结，不过我认为这种事情绝对不会发生。

稻盛 我倒是觉得无须等到人类的这种意识觉醒，事实上，现代文明以及人类自身已经面临着毁灭的危机。就如前面已经说过的，目前世界总人口有 67 亿，到 40 年后的 2050 年估计将会超过 90 亿。到那个时候人类又该如何应对呢？

本山 那就没法子像现在这样生活了，到时候连食物都不够了。

稻盛 绝对是这样的。到时候既没有充足的食物，能源也接近枯竭。然而即便如此，现在不管是发达国家还是发展中国家依然只顾追求经济发展。尽管专家们在经过推算后得出，现在这种速度的发展不可持续，但是各个国家却仍旧坚定地以"GDP 挂帅"发展经济，从而使得状况进一步恶化。当我们基于对整个人类的爱，祝愿每个生命都能够得到永续的同时，世界人口却出现了爆发性的增长，全体人类都面临着巨大的危机。虽然不管是基于常识还是基于理性，要想维持不断膨胀的人口是一件不可能的任务，但是却很少有人能够对此鸣响警钟，带头改变自己的生活方式。

本山 不过当人类真的面临缺衣少食的状况，意识到再也无法维系奢华生活的时候，一定会产生足以克服危机的智慧。我相信人的适应能力是非常强的。若非如此，造物主根本就没有必要多此一举地创造出人类。

稻盛 或许现代人是造物主搞砸了的产物也说不定。

本山 确实也有这种可能性。就如一些邪教教主一样，他们虽然在一定程度上也能够进入灵界，但是只要还有私心，依然会为非作歹。本质上只有动物既不会作恶，同种之间也不会相互屠戮。

但是人类却不一样，即便对手举手投降了也依旧会将其杀害。人类同时具有两面性，在心怀大爱时，能够奉行如上帝一样的行为。但是当完全以自我为中心时，那么大爱就将不复存在，而凭借恶魔般的智慧来对付自己的对手。

因此，只要我们不能超越低层次的灵界上升到菩萨的世界，人类就存在着毁灭的可能性。但是我相信当身置悬崖，即将坠落之时，人终究还是会就此勒马的。

稻盛　我倒是希望能够这样。不管怎么说，人类现在就必须开始向好的方向转变。

本山　这个世界的未来 100 年将会问题重重。在从现在开始的 20 年里，人类的意识将会出现巨大的变化。

稻盛　已经是不变不行了。

本山　人类将会感悟到爱，重新审视自己的社会性，并将更进一步地发挥自身的创造力。总之，推动发展不仅有利于人类自身，而且同时能够让人类与大自然、动物和植物都和谐共生，这已经迫在眉睫。

稻盛　必须这样。日本有幸科技还比较发达，在经济上也是世界强国，并且以佛教为中心的各类宗教与日本人的日常生活息息相关。与世界其他国家相比，在精神层面上日本并不落后。此外，日本宪法第九条也确定了放弃战争。

为了人类的未来，日本人应该挺身而出，以和平精神为基本，保持与菩萨相同的境界，宣扬爱与慈悲，推动并引导全人类奉行有助于令万事万物都和谐共存的新的生活方式。

本山 日本确实具备了这样的力量。在欧美国家当中，尤其是像英国这样的国家，曾经由于国土狭小、农田匮乏，导致人与人之间纷争不断。尽管后来英国利用武力开拓了大量海外殖民地，但是因此而获得的繁荣终究无法长久维持，到第二次世界大战时，英国的殖民体系最终还是分崩离析。所以我们不得不承认，到底还是需要依靠佛教的慈悲和基督教的爱来主导这个世界。

日本在某种程度上顺利无碍地接受了欧洲和印度宗教的影响，并具备了对其进行发展的能力和包容力。一言蔽之，可以称为"空"。所以我相信日本没有什么好担忧的。并且不光是日本，印度和中国也一定是这样，只是日本最终将会成为中心。

稻盛 我认为这既有必要，同时我们又应该为此倾尽全力。

本山 日本是一个资源匮乏的国度，如果继续容忍现在这种状况持续下去的话，下场会比那些发展中国家还要凄惨。因此，日本就更有必要让自己成为世界精神的核心。并且我相信这一天一定会到来。

我们的灵魂在死后将归于何处

稻盛 到此为止，我们主要谈的是与灵魂和魂魄有关的话题。我本人总是认为，死亡是不可避免的事情，但是死亡又只不过是灵魂在另一个世界里重新开始一段新的旅程而已。因此，在生命尚存时，我们应该精进修行，让自己的灵魂尽量变得更加美好一些。要让自己的灵魂经受住此生此世的各种磨砺，然后使其以更加美好的形态踏上新的旅途。虽然"使其踏上新的旅途"这种说法是出自第三者的角度，但这确实又是我的真实感受。

本山 您绝对没问题，并不需要为此担心。(笑)

稻盛 可是，当我的灵魂有一天真的踏上旅程时，究竟又会走向何处呢？事实上，以前我曾经遇到过一些非常奇怪的事情。比如，我曾经收到过一封陌生老妇人的来信，这封信的内容显示出她对我的事情知道的一清二楚，并且这位老妇人还在信中这样写道："虽然您现如今在事业上获得了巨大的成功，然而这其实是在您的前生就早已决定好的事情。我能够看得出来您是肩负使命，为了完成这些事业才来到这个世界上的。"

本山 这应该是位通灵者。

稻盛 真的吗？反正我有一种她是在与我进行交流的感觉。

本山 稻盛先生您由于奉行利他而成为了一个场，这就使得您能够将各种各样的人都包容到自身之内，因此您也就比较容易与那些具有通灵能力的人发生对接。

稻盛 难道真的有这样的事情存在吗？

本山 您只需要坦然接受就是了，没什么好在意的。

稻盛 不过多少还是有些让人觉得毛骨悚然。(笑)

本山 当我们死去时是有机会去能够超越这些东西的地方的。通灵者没有能力探知到一颗绝对自由的心。如果我们在最后能够从容离世，那是最好不过的事情，因为这样我们就可以进入到更高层次的世界。

可是如果我们在死亡时无法做到从容离开，那就会很麻烦了。事实上大部分人都是在经受了一年半载的疾病煎熬后才撒手人寰的。不过稻盛先生最后应该不会是这样。

稻盛 明白了。不过说到通灵者的话题，那么具有通灵能力的人是不是真的可以无中生有地变出各种东西来呢？尽管我也知道世间有许多骗子冒牌货，但同时还是有像赛巴巴(1926—

2011，印度著名宗教家——译者注）这样得到全世界承认的通灵者。

本山　但是这种能力也因人而异，并不是因为具备了通灵能力就可以无所不能。比如，虽然我自身有能力看到灵魂的样子，改变自然现象，并让人起死回生，但是却对利用意念弯曲调羹没有什么兴趣。

有一次，我到小豆岛担任宫司的神社去主持祭祀大典。但是在祭祀大典的当天早上，天空布满了厚厚的云层，一派风雨欲来的景象。可是当我在进行了祈祷后，天空中从东至西划出了一条直线，这条直线逐渐将云层分开，只用了一个小时左右天空就已经彻底放晴了。

并且不单是在日本，在美国时我也动用了同样的能力，令阳光灿烂的天空下雨，让阴雨霏霏的天空放晴。此外，从很早以前开始，我就能够利用意念熄灭和点亮蜡烛。

经常有专家在电视上否定超常现象，认为"不是科学，而是作假"，但是这些专家却又不去证明超常能力与作假是一回事情。不管再怎么声称超常现象是假的，只要你不能证明依然是没有用的。

稻盛　您是如何看待这些专家将超常现象贬为作假，固执地要予以彻底否定的做法？

本山 电视上曾经放过一位女性在眼睛被蒙住的情况下，只利用手的触觉就读出了复杂的微积分公式。当时在场的专家只能对此表示信服。人从受胎之时开始，最初的干细胞逐渐分化出了内胚叶、中胚叶和外胚叶，在这其中，外胚叶转化成为了神经系细胞，然后又从中分化出了皮肤。因此，某些特殊的人的表皮在某些部分就具备了与眼睛相同的机能，从而拥有了阅读功能。也就是说，这根本就不是什么超常能力。

稻盛 因为科学还没法判明就彻底否定超常现象，这种做法确实存在着问题。现代科学本身就处于尚待完善的发展阶段，所以否定任何现代科学无法解释的现象，这种态度本身就存在着很大的问题。

本山 随着量子力学的发展，人类已经知道了精神与物质之间具有必然的关联。在这个领域里，已经有专家正在对人的精神力量中心"查克拉"在聚集了"气"之后能够将非物质转化为物质，并将那些科学无法解释的存在转变为能量进行研究。如果这些现象最终都能够得到解释的话，那么我们就会发现现在的物理学其实都是不足为凭的。

有爱便能生智慧

稻盛 有一桩令人感到匪夷所思的事情是，只要我是为了工作或者公益，也就是做利他之事时，不管我去世界的哪个地方都是晴天。即便头一天是大雨滂沱，当天的天气预报也是下雨，但我一到立刻就会雨住天晴。最初，周围的人都会开玩笑说我是"晴天男"，但是渐渐地，大家都开始感到有些不可思议，觉得这"实在是有些神秘"，到现在大家都已经对此认为是理所当然了。

这当然不是因为我有超常能力的缘故，只是实际发生的事情。

并且，我当初赤手空拳创办了京瓷，然后早出晚归、夜以继日地全身心地辛勤工作，至今已经有 50 年。在这 50 年当中，我经历了各种各样的事情。我原本是个谨小慎微的人，但在这50 年里心中却没有丝毫疑惑不安，完全是有如轻车熟路般地从容走到了今天。尽管中间也曾有过劳累和辛酸，然而这半个世纪的一切对于我而言过得是如此的自然而然。

我经常会告诉后辈们说，我就像是在浓雾中登山一样，当云雾散尽再回首眺望时却发现，自己一路走来的山道两旁都是万丈深渊，而山道的宽度恰好只能容纳一人通行。这时，人一瞬间惊悚得汗毛倒竖，暗自慨叹自己刚才在浓雾当中没有踏错过一步。

也就是说，虽然在山道上攀登时确实非常辛苦，但是心中却不曾有过任何恐惧。完全是一种按照既定路线走就好的感觉。

我创办第二电电也是这种感受。周围的人都常常问我："是不是遇到过各种巨大的艰难险阻？"

我曾经在京瓷的董事会上说过："为了降低日本民众的通信费用，必须有人挺身而出为之奋斗。如果没有人愿意来干的话，那么我来干。但是我们也将有可能因此亏掉 1 000 亿日元的资金，我希望能够得到你们大家的理解和原谅。"然而事实上，我自始至终心中都没有过任何不安，完全是一种在按照早已安排好的道路往前走的感觉。

本山 但是你心中一定怀有坚定不移的意志以及明确无误的目标。

稻盛 对，我一向都是这样。

本山 不这样是不行的。

稻盛 然而我总觉得自己并非是凭借自身的能力，而是在某种存在的导引下才一路走到今天的。由于我从来没有过实际感受，因此不是很习惯神灵这种称谓，但是我又确实感觉自己得到了如这个大宇宙的创造者那样的一种伟大存在的导引。我一直都告诫他人：“以善念善心为本，人生必然成功。”当然，光靠这些动听的语言是不够的，还必须配之以要让自己周围的人都获得幸福的利他心愿。

我经常讲：“只要全力以赴，在历经艰辛后，凡事必能无忧遂愿。”这也是同一个道理。

本山　只要有这种心，神灵必然会给予指引。欲行利他，缺少爱心是绝难办到的。只要有爱，卡拉那的力量，人的灵魂本来具有的力量就会产生作用，令智慧涌现，而这种智慧又拥有成就一切事物的力量。

稻盛先生曾经在幼年时患过肺结核。您当时就曾面对过死亡，但是最终又战胜了死神，并且这场病患也成了您获得神灵巨大力量帮助的一个契机。并且，由于您自身现在已经成为了一个场，所以有能力令天气改变，对于您来说，这是再正常不过的事情了。

我每当到正逢严重干旱的地方时，当地就会下雨，而再到因为雨水过多而受其扰的地方时天气又会立刻转雨为晴。正是由于我们能够将大自然和人类都包容在内施以影响，要令为我们所包容的人能够获得幸福，因此这些超常现象自然就会随我们的愿而出现。

稻盛　"有爱便能生智慧"这句话确实是非常重要。如果不是以爱为本，那么真实的智慧也就无从产生。就如大学里尽管有一些自以为是的专家学者，但是他们却没有办法完成具有独创性的研究。凡是那些真正能够实现创新型研究的学者，他们的性格也基本上都令人尊敬，这是因为他们的心底有爱。

本山　凡是不能彻底摆脱自我、不为自我所动的人，都无法获得神灵的助力，因为他们没有办法接收到神灵的力量。

稻盛　要想不为自我所动，就必须首先是心中充满利他之爱的人。

本山　是的，这种人的念头不管是对于他人，对于大自然，还是对于社会而言，都是有益无害的，因此他们才能够有所成就。

稻盛　这也就是所谓的大爱，对吧。

本山　具有这种精神的人如果能够不断增加，那么利他精神也就能随之壮大。我本人的所作所为都是奉神的旨意而已。为了让所有人都能够获得幸福，令大自然和人类能够和谐共存，消除土地和国家魂魄中的业力（这些都是根深蒂固、难以撼动的），让国家、地球和人类都能够繁荣兴盛，我每天都在为此祈祷，并且我相信我的祈祷必然会传递到世界的每一个角落。

利他之行为基于大爱，由此能够生起智慧和创造力，无须多言就自然能够得到发扬光大。因此我只需独自祈祷，而不必向众人一一告知我在为何祈祷，即便如此，万事万物都足以向善转变。

在未来 20 年中，世界会变得越来越好，社会正在向着人类能够与大自然和谐共存的方向转变。虽然当前世间杂乱纷呈，但我却并不是很为此担心，因为甘愿为神驱使的人正在变得越来越多。

稻盛　我们每一个人对于他人的爱不仅能够改变自己，还能够改变世界。有宗教家说过："你当下周围发生的事情全都是你心性的映射。"也就是说，是你的心和念头创造了这个世界。

本山　如果众生都陷入贪欲，那么这就将化为一股巨大的力量扰乱世间，导致诸多混乱。

所以众生只要能够心有大爱，奉行利他，常怀怜悯之心，为了世间的进步努力奉献的话，这个世界就一定会变得美好起来。我举一个简单的例子来作说明，当我们与人打交道时，如果心里觉得对方"是一个讨厌的家伙"，这时，由于我们与对方在灵界中是相通的，因此，对方也就必定同样会对我们产生厌恶之情。

反之，如果我们能够敞开心扉，接纳对方并祈愿利他，也就是当我们能够对对方心怀善意时，就算是水火不容的仇敌也能冰释前嫌。这同样是由于灵界在产生作用的缘故。

其实任何人都具备了这种能力，因此当我们都能够对此觉悟，让心中充满大爱与关怀时，世界就必然会转向光明的方向。并且，我们完全可以首先从自己的家庭和所处的环境等这些身边的事物做起。总之，灵魂的念头能够创造出万物，因此我们只需将灵魂的念头转变为爱和利他行为，我相信一切就都将急转向善。

舍弃自我，保持清净，令灵魂得到磨砺

稻盛　我们理所当然应该舍弃利己念头，心怀利他大爱。然而问题是我们如何才能够舍弃心中的利己念头。

本山　要想舍弃利己念头是一件极其困难的事情。在试图做到这一点的过程当中，我们往往会因为健康失调而遭遇到重重障碍。如果我们身体上下部分的健康失去平衡，身体内的气所产生的能量都集中到上半身的话，人就会变得具有攻击性，并且心脏也会出现问题。与之相反，如果气都沉积到下半身时，又会给人的生殖器造成严重影响。

曾经有在美国修行瑜伽的年轻人，因为在修行时性欲会变得非常旺盛，进而给修行造成阻碍而专门来向我讨教对应的方法。于是我告诉这位年轻人："如果心中存有某种目的而修行，则会导致出现问题，因此只须将这个心存所欲的自己舍弃，问题就会不治而愈。"在修行的时候，假如心中还有自己，如果本人对性还怀有兴趣的话，那么性欲就会高涨；如果是喜欢美食的人，那么食欲就会变得极端旺盛起来。

这种失调基本上都是由于受到了前世业力和今生身体状况的影响。有的人越是修行瑜伽或进行冥想，越是会变得怪异失常。在通灵者当中，出现这种状况的大有人在。

我常常会对到我这里来修行的人说："要想修行就绝对不能心有所欲。在修行的时候，我们只需怀有修行是为了获得上天和宇宙赐予的力量并以此造福众生的念头即可，否则的话，人就会陷入魔障之中。所以说，心中没有大爱是万万不成的。假如心中还有个贪念的话，那就无疑是在自寻死路，因此必须断绝干净。"

要想修行，就必须将因此获得的力量用来为世人服务。现在这个世界里的众生贪欲强烈，所以我们就必须以化解世间贪欲、推动社会和谐为己愿来作修行。否则，我们的修行就不会获得增长，并且也无法舍弃自我。总之，在当今社会，这一点非常重要。

稻盛　说起来或许有些不恭，出家的僧侣，尤其是禅宗的出家人本应是通过坐禅来升华自己的心性。但是在那些地位颇高的僧侣当中，能够令人感觉到高尚人格的却不多。虽然我相信如果真的是为了世间和众生的利益而投身修行的话，那么就一定能够获得崇高的人格。然而遗憾的是，有些修行人是为了获得更高的地位、更大的名气，也就是为了自己的利益而修行，因此，现在真的是很难遇到谦虚为怀的修行者了。

此外，那些拥有超常能力的通灵者也是同样，他们当中有些人好不容易从上天那里获得了不凡的能力，但是他们在做人上却完全不足为道。我觉得这些人所拥有的超常能力与他们自身品性之间的差异是一个很严重的问题。

本山　仅靠超常能力是不能获得彻底解脱的。灵魂在层次较低时，由于拥有灵体，所以容易受到情感与欲望的影响。只有在摆脱情感与欲望影响的前提下，灵魂才有可能进入更高的层次。到了这种境界，自然就会生出利益众生的大愿，拥有能够包括改变天气在内的巨大力量。

一般人是很难理解这些的。但是只要我们能够真心舍弃自我，为了世人，心怀大爱，发挥创造和智慧的力量投身事业的话，就没有必要去特意修行。

只要是行"超作"之行，不管我们做什么就都会如稻盛先生您刚才所说的，即便是在两边都是万丈悬崖的狭窄山道上，也会如履平地般从容行进。我们心中不仅不会有任何恐惧，并且还会在冥冥中自然而然地得到正确的导引。作科学研究也是同样的道理，不可以个人私欲为目的来从事。

二战刚结束没多久，由于我试图用科学来证明灵魂和神的存在，结果遭到了周围人的反感和敌视。但是我坚持己见，坚信我的研究必将揭示能够给人类带来幸福的真理，因此才毫不气馁地坚持了下来。但是要想从科学角度予以证明，就必须学习包括数学、物理在内的各类科学知识，因此我全身心地投入到了相关专业领域的学习当中，甚至发明了 AMI（本山式经络暨内脏机能测定器）。

稻盛 这种仪器是用来测定人体经络运动的吗？

本山 是的，人体含有 70% 的水分，如果没有体液，那么不管是 DNA 还是 RNA 都无法在身体内部产生化学反应。生化领域的专家对于这点倒是非常清楚，但是他们却依然无法探明体液的活动机理。利用 AMI 仪器，我们弄明白了人体中的能量场就蕴藏在体液当中的事实。而这种能量场正是连接灵魂、人和肉体能量的纽带。

我没有像稻盛先生这样管理企业的经营才能，所以也就心甘情愿地服从这个宇宙的意志，从没有想过要成为大人物。

稻盛 您刚才说的"超作"一词，能不能简单地解释一下？

本山 就是指当我们全心投入时，我们所追求的对象会与我们自身融为一体的意思。如果我们能够消除自我意识，那么就算是万丈悬崖也能平安越过，因为当物我一体时，连悬崖峭壁也会来主动给我们以护持。

稻盛 这就是说，当我们能够做到一心不乱，无心无我时，灵魂就将得到升华，对吗？

本山 是的，当一心不乱时，我们立刻就能够忘却自身，舍弃自我意识。

稻盛 这就又会让我想到，一般求道都是通过冥想和坐禅等刻苦的修行来提升自身灵魂的。但是，我经常对中小企业的经营者们说，在目前这种严峻的经济环境当中，企业经营者们为了不因此而辞退任何一名手下员工以便让他们的生活能够得以维系，而将全部身心都投入到工作当中，这种做法与那些刻苦修行的宗教家没有任何区别，同样能够让自己的灵魂得到磨砺，并最终获得事业的成功。这与本山先生您说的其实是一回事，对吗？

本山 当我们能够舍弃自我，与万物他人一体时，神灵自然会赐予我们巨大的自然之力，让成功主动向我们靠拢。以稻盛先生为例子，由于您创办第二电电是一心为了降低社会大众的通信费用，以此来为大众谋利益，因此成功才会因你而来。

稻盛　这一点确实是非常重要。

本山　如果我们是为了满足自身对名望地位的欲望而修行的话，那么我们修的就是邪道，不可能获得任何灵性的增长，顶多能够得到些超常能力，而这样的人在现实中举不胜举。只有当我们做到无我境界，全心全意为众生利益倾力奉献时，造物主才会愿意向我们靠近。

稻盛　听了本山先生的这一席话，不由得让我想起了西乡隆盛。当年在完成明治维新的伟业之后，许多当初和他一起的同志都成为了明治政府的高官，享尽各种荣华。西乡隆盛遂以"无私"一词来劝诫这些忘记初衷之徒，并断喝道："不存无私之心者，断不可立于高位之上！"

所谓无私，就是要为了众生利益，兢兢业业，摒弃自我。就正如闻名遐迩的"敬天爱人"这个词所表示的，西乡隆盛的思想洋溢着牺牲自己，关爱天下的精神。若是由拥有这种心胸的人从事政治的话，那么不管是政治还是社会，都必定能走上坦途。我真的是希望现代的政治家里面也能够有越来越多的人做到"谦虚谨慎，不骄不怠"。

本山　的确如此，谦虚非常重要。此外，还必须懂得敬畏。现代社会正是由于丧失了这些德行才会出现溃败的。但是不破不立，溃败之后一定又会重生，上帝就是用这种方式创造了世界。

稻盛　本山先生是出于爱心才会乐观地认为一切最后都会变得好起来。可是，我对于未来却怀有"将会变得更加糟糕"的恐惧。(笑)

本山　不用担心，我相信上天是不会允许这种事情发生的。

从基督教的人类爱向佛教的慈悲世界观进行转换

稻盛　但是虽说如此，现在的政治生态实在是一片混乱，令人惨不忍睹。

本山　日本之所以在二战战败后能够完成令人瞩目的复兴，究其根源是由于日本投靠了美国，所以再也无需扩军备战的缘故。在美国为了强化军事力量大费资财的时候，日本却在一心一意发展技术，推动对外出口。因此，我认为日本的繁荣应该归功于选择了美国式的自由主义政策。

但是，日本现在迎来了不可回避的转型期。日本必须扬弃基于自由主义和基督教对立理念的世界观，而应该采用能够令全世界和睦相处的佛教世界观。如果能够做到这一点的话，我相信日本就将在国际舞台上发挥领导作用。

日本社会具有很大的灵活性，在德川幕府时代本来还谨守孔子和朱子的教诲，到明治维新时却毫无保留地接受了西洋文明。如果我们能够发扬佛教精神，以利他胸怀为政，不仅为了本国利益，同时也以世界利益为重制定政策的话，整个世界必然会发生显著的变化。

美国不管做什么都是以本国利益优先，欧洲也一样。因此我们必须改变观念，不是将本国利益放到第一优先地位，而是应该夯实壮大如联合国这样的机构，让世界成为一个共同体。

稻盛 所谓国家利益，其实就是一个国家的私利和欲望，因此也是利己的表现。但是，如果能够不执著于国家利益，而是基于如您所说的联合国的角度思考问题的话，重视的就将是人类利益，也就是利他。

本山 现在已经到了非如此不行的地步了。随着地球人口不断增加，等到粮食能源都不够用时，大家就必须以相互礼敬、心怀谦虚、尊重他人的态度来共同分享有限的资源。现在流行的这种"唯我独尊"的美国式理念将难以通行。

不过就连美国现在也选出了像奥巴马这样的黑人总统。所以，美国也正在改变，美国在依旧鼓吹自由主义和个人主义的同时，开始出现了如日本一样的灵活性。奥巴马先生想要推动一个全球化社会，因此从这一点来看，世界或许正在向着好的方向发展。

稻盛 他大概有可能成为超级大国美国的改革家。

本山 我再来谈一谈佛教与基督教的区别。基督教的宗旨就是对人类的爱，而佛教则是慈悲。我曾经到印度一家为了纪念甘地而设立的医科大学作了一个礼拜左右的访问，受这所大学教师的邀请，我就 AMI 仪器进行了讲座。

在我讲课的时候，大学校园里突然出现了一条眼镜蛇，尽管这条眼镜蛇立刻就被捕获，但是印度人只是把这条眼镜蛇装到箱子里，带到四五公里外的地方放生了。他们不做无谓之杀。

印度人认为，不管是蛇还是草木之中都藏宿着魂魄。如果到印度乡间旅行的话就会看到，他们的房子是人住在上层，下层则归动物居住，也就是真正意义的人畜共同生活在一起。因此，印度人才会很自然地产生灵魂会在畜生道与人道之间不断轮回转世的思想。不过仅就我本人的体验而言，人和动物之间是不能相互转世的。

但是他们的这种爱，以及相信大自然万物都拥有灵魂的认识就是慈悲。这一点是基督教所不具备的，因为在基督教思想中，大自然与人类是相互对立的，因此人类对于大自然的支配成为了基本，并最终产生了科学。但是如果继续按照科学道路发展下去的话，我相信人类将最终毁灭。因此没有慈悲心是绝对不行的。利他行为本就是慈悲的一种表现，但是由于"利他"一词存在着各种局限，因此用"慈悲"来表示或许更容易让人理解一些。

第四章
觉悟祈祷与感恩之心

拥有信仰

践行祈祷与感恩

利他心能够人我两利

一、拥有信仰

众生皆惧死

稻盛　日本人常常被指出缺少宗教心。当被问到信哪一种宗教时，许多日本人都会回答"不信任何宗教"，因此日本人的宗教心或许真的是非常淡漠。但是，事实上更恰当的或许应该是针对有无信仰心来提问，当然如果是这样的话，回答"有"的人大概就更少。

信仰就是一心皈依如佛祖释迦牟尼或者耶稣基督这样的存在。因此，我才会认为拥有信仰心的人要比拥有宗教心的更少。所谓信仰，就是为了在不管是今生还是来世的各种问题上能够得到上帝或者佛陀的拯救。像我们这样的凡夫俗子是为了获得帮助才会生皈依之心的。

但是在当今这个世界里，因为无须求助也能够过上还算不错的日子，所以不相信来世的人也不少。正是由于相信人死如灯灭，一切皆无，所以才会有人干脆要求死了就把骨灰撒到大海里。总而言之，由于缺乏"此生求解救，来世求帮助"的焦虑感，众生当然就无法生起信仰心。

并且，宗教人士本身也存在着问题。

宗教家们本应向大众宣说："尽管你们现在的生活很幸福，但是如果能够皈依上帝或者佛陀的话，灵魂将会获得更高的抚慰，因此拥有信仰是不容或缺的。此外，我们还有来世，死后我们的灵魂还将在新的世界中重新起航，因此得到上帝或者佛陀的拯救对于我们而言非常重要。"可是现在却又没有人来宣讲这些理念。

归根结底，信仰就是祈祷，只有当我们一心祈祷能够获得拯救时，才会真正产生信仰。不管是出家人还是信徒，如果都能从"学佛"转变为"信佛"的话，那么我相信整个日本社会都一定会得到显著的改变。

本山　我也这么认为。只是我觉得还需要补充的一点是，众生皆惧死。不管人的知识智慧如何，在死亡降临时，没有人不会在心中感到恐惧。至少在我担任官司的玉光神社的信徒全是如此。

在现在这个物质繁荣的时代里，女性和过去不一样，只要有能力就能够找到各种各样的工作。在二战前的日本，如果女性被夫家休掉的话就将无以谋生，因此不管是再令人厌恶的丈夫也只能默默忍受。

但是二战结束后，随着社会的繁荣进步，无论男女都能够获得平等工作的机会。然而随着物质生活的日趋富足，人们又开始为现世生活中的各类繁琐杂事所拖累，无暇在日常生活当中去思考死亡这个命题。

但是，例如当自己患上了癌症，直接面对死亡时，心又会被恐怖完全占领。不管平日里是如何的趾高气扬、生活富足，此时却没有人能够逃脱癌症病痛的折磨，即便是进了医院也无法摆脱这种恐惧。虽然一心想要摆脱死亡的恐惧，但是最终却无法办到。只有在这种时候我们才会感悟到人的局限性。

任何普通人在面对死亡时都会充满恐惧，无一例外。但是虽然肉体会死，我们的灵魂却不会死亡，而会在灵界里重新转世。可是在刚刚死亡的时候，我们仍然会将意识留在这个世界里。

但是随着时间的流逝，我们的意识终究会从这个世界中渐渐离去，而灵魂则依旧稳定地生活在灵界。从某种意义上说，我们的灵性由于不会受到物质的拖累而更容易获得成长。

可是反观那些不承认灵界存在，认为物质与身体破灭后就一切都不复存在的人，他们心中也照样会因"死亡将把自己化为虚有"的念头而感到惶恐不安。所以说在死亡的恐怖面前，人人都是平等的。但也正是因为这样，拥有信仰的人才会因信仰而得救，并由于感受到上帝的存在而对自己的信仰至死不渝。

与这种信仰相对照，那些心有所图的信仰者，也就是膜拜凡世的通灵人，一心为了满足个人物欲而祈祷的人并不是拥有真正的信仰，而只是为了生意在利用宗教而已。这种人基本上在临终前也照样会深陷恐惧之中。当然，他们中也有不少人会借此生起真正的信仰心。

在目睹了成千上万人的实例后，我相信只有当我们认识到自身存在的局限性，面对死亡能够不为所扰时，信仰才会生起。但是令人感到奇怪的是，现代人却很难得到这种机会。

禅宗和真言宗的出家人在开悟的过程当中，必须击退由鬼神控制的各种魂灵的阻碍和干扰。当他们的修行到达一定高度时，必然会遭遇到这些令人产生恐惧的魂灵。很多修行者由于无法击退他们而出现精神问题。

当我在全部为4000年仇怨所浸透的魂灵出没的地方静坐时，能够感觉到他们那可怕的力量。那是一种强大的，让我感到自己会被毁灭的力量。当面对这一切，感受到自己作为一介凡夫的无能为力时，除了向上帝和佛陀求助，再也别无他法。

而信仰也正是在这一刻才真正开始。

可是这种机会在现如今又非常难得。众生都处于一种无需依靠上帝也能够混得过去的状态之中，并且还都一相情愿地认为这种状态能够一直持续下去。事实上，众生只有在面对死亡时才会感到害怕。也有的人是在得了大病之时才会觉悟到人的局限性，并因此开始产生信仰。

所以，在某种意义上，现在是一个恶魔横行的时代。"想要让自己过上好日子，想要发财"的想法肆意猖獗。一二十年后，等到人口剧增、食物匮乏的时候，如果世间众生能够相互体贴帮助那倒也罢了，否则的话后果简直不可想象。我相信本世纪再过上一二十年，人类就将会觉悟到身体并非就是自身的一切。

地球想要实现和平，人类要想和谐共存，觉悟到灵性存在就必不可少。灵魂如果受到物质支配的话，那就将无可救药。这就正如可怕的星光体层次世界一样。我们同时还必须觉悟真我，但是在现今时代里，能够做到这一点的人却又是极其罕见。

人类一定会在本世纪中承认灵魂的存在

稻盛　我在小学 6 年级的时候曾经得过结核。当时，我的两位叔叔和一位姑姑都因为结核病在之前的三年时间里先后离世，因此当我患上结核病时，周围的邻居都说："稻盛家的人都有得结核病的传统，可怜的小和夫这次大概也没救了。"当时还是孩子的我对于死亡倒是没有感到过恐惧，但是对于死亡本身却有了切实的感受。

那个时候，因为我的母亲信奉新兴宗教"生长之家"的创始人谷口雅春的教诲，所以读了不少母亲保存着的"生长之家"的书籍。我相信正是由于真真实实地面临着死亡的威胁，因此我很自然地生起了信仰心。以此为契机，在此后的人生道路上，我一直都与宗教保持着不即不离的关系。最后在65岁那年，我正式在禅宗门下得到了剃度。当然，在那些真正严格修行的僧侣眼中看来，我的出家只不过是在学样而已。

在海外，不管在基督教还是伊斯兰教的世界里，众多信徒都会专门到教会里去作祷告。尤其是在伊斯兰教社会，每当我看到信徒们不分老幼，都以头触地、专心祷告的场景时，心中总是为他们虔诚的信仰心而叹服。反观日本，不知道究竟又有多少人具备了能够定期去寺院、神社或者教堂作祷告的虔诚心。

在现在流行的新兴宗教当中，有的教团甚至拥有高达数十万的信徒。在这些新兴宗教当中，不少教祖都具有一定的通灵能力，他们往往通过给人治好病，以此惊服众生，并随之用皈依自己的方式来搜罗信徒。但是我总觉得，最殊胜的方式不应该是借助能够制造超常现象的通灵能力来吸引信徒，而应该是由心性高洁、灵魂中充满大爱的人来为师做祖，教诲众生。

本山　我相信，总会有人能够看到我们的这些对话，并在内心深处产生共鸣，然后不管是在 10 年、20 年，还是 30 年后，他们一定能够获得真正的信仰心。

就如前面已经提到过的，当前我们这个世界在某种意义上来说是一个魔鬼的世界。众生共同创造了一个仅靠一己之力便可满足自身欲望的社会。因此，从这种意义上来看，众生尽管已经能够自如地运用如卡拉那层次的真我那样的创造力，但是却基本上没有任何大爱与直觉智慧。就算众生能够支配物质，可是与其他心灵与灵魂的交集却几乎荡然无存。

不过，我感觉众生已经在不知不觉中逐渐向真我状态靠近。这是因为物质终有局限，就正如我们在患病濒死之时一样，会因此有所醒悟。所以我才相信人类一定会在本世纪中产生信仰，感悟到灵魂的存在。这既是上天的旨意，也是众生的宿命。有鉴于此，我心中充满了信心。

稻盛先生您是由于小时候得了结核病，又读了"生长之家"的书，才打开了心灵的大门。当时您大概认为自己会死。一个小学 6 年级的孩子还是非常纯粹的，事实上您原本就是一个纯粹的人，我相信也正是因此您才会最终从病患中得到了解救。

人这种东西，不到死亡临头，或者不到感受到自身能力局限性的时候，是不可能产生意义非凡的直觉的，尤其是在现今很难做到这些，不过我还是相信事情在向着好的方向发展。

稻盛 您刚才说人类的创造力实现了惊人的发展，对此我的解释就是，人类是在距今一万年前才开始从狩猎时代进入农耕时代。在此期间，在我们的灵性成长的同时，我们的创造力也出现了长足的发展。人类使用的工具也从石器到青铜器，再到铁器，不断地向前进步。

然而等到工业革命发足于英国，蒸汽机被发明以来，科学技术以迅猛的速度实现了无与伦比的进步。例如在生物科技领域，人类已经能够复制和创造生命，总而言之，人类已经涉足了原本属于上帝的世界。但是与此同时，本应用来驾驭科学技术的人的灵魂和心灵却没能跟上科学技术飞速的脚步。也就是说，只有人类的创造力获得了发展，而原本归属于灵魂，或者真我的爱、慈悲、关怀等却出现了大大的滞后。

本山 实际上，真我与您所说的这些都获得了相同的发展。这是因为根据量子力学和最前沿的非定域性理论，物质如果与心没有联系的话，就不可能存在，众多科学家都已经注意到了这一点。

凡是在佛教盛行的地区，人与物质、大自然与物质都能够相互共存。这些地方都在我们亚洲。但是正如您所知道的，在沙漠地区里既没有水，也没有食物，因此在这种地方不试图征服大自然的话人类就无法生存。也正是出于这种基本因素，大自然与人类之间才会出现对立。

然而大自然与人类是截然不同的存在，因此人类是无法驱使大自然的。现在看来，似乎只有真我的创造力获得了大发展，但是实际上爱、智慧和慈悲也是一同在成长。等到时机到来时，不管是基督教徒还是沙漠里的狩猎民族，都必定会意识到大爱的重要性。我相信这是上帝早已安排好了的。

虽然大家都在担心"如果继续这样下去的话，人类将会毁灭"，但是上帝并不会做这种无用的事情。如果等到人类能够进入真我的层次，就会拥有无限的可能性，并以此创造一个众生一体的世界。

只需再耐心等候一阵子，众生就会觉悟。到那时，我相信整个社会都会产生巨大的变化。目前这个进程才只是刚刚开始，等到物质溃灭时，人们就会意识到无法再继续维持现在的这种生活。当人类逐渐认识到自身的局限性时，就会开始转向灵界发展。

也许是像稻盛先生这样的企业家，也许是学者，这个世界最终一定会由拥有真诚纯粹心灵的人来引导。到那个时候，我说不定已经在另一个世界里关注大家了。(笑)

二、践行祈祷与感恩

不懂祈祷的人，灵魂得不到成长

稻盛 本山先生您能不能就祈祷的重要性，以及祈祷所能产生的作用作一些简单易懂的讲解？

本山 首先，不懂祈祷的人，他的灵魂就不可能得到成长。如果灵魂得到了成长，我们就能够自然而然地超越自己，利益众生。祈祷能够令我们生起智慧，获得创造力。原则上，当我们祈祷时，起主导作用的是某种超越人类的存在。

也就是说，我们都只是上帝的工具而已，如果能够明白这个道理的话，我们就自然会开始每天都作祈祷，并最终与上帝成为一体，自在行事。因此，为了让灵魂能够得到成长，祈祷对于我们来说就是最重要的一件事情，而不作祈祷的人是无法成长的。

稻盛　这就告诉我们，我们之所以能够作祈祷，完全是因为被赐予了生命机会的缘故。确实也是如此，如果我们对于被赐予的生命不怀谦虚之念，而是心存傲慢，自以为"我命在我，不由天"的话，我们就不可能对于伟大产生虔诚的敬仰之心。

本山　我们经由祈祷而获得的爱、智慧和创造力并非为任何人所专有，而是为众生共享。我相信，如果我们不能够摒弃结党营私的念头，并基于超越一己国家的视野来判断事物、付诸行动的话，那么人类就不可能生存下去。因此，我们也就有必要首先在政治领域里做到这一点。

只要能够具备如稻盛先生这样的普世大爱和智慧与创造力，那么即便是个体也终将能影响到全体，并为地球社会的诞生作出重要贡献。若是不能建立地球社会，那么人类也就不会拥有未来。

稻盛　现在的日本人基本上都不再作祈祷，宗教心也很淡漠。事实上，大部分人都没有任何信仰。因此，我经常会对众人宣讲下面这一番话："众生虽然都有各自的宿命，但是我们仍然还是能够利用因果报应的法则来改造我们的命运。因此在人生的道路上，非常重要的一点就是你怀有怎样的念头，做出了怎样的行为。当我们能够做到思善行善时，命运就一定能够向好的方向发生转变。"

对于我的这种说法，大多数人都会表示由衷的认同。因此，为了让人生变得更加幸福，就算我们没有宗教心，也一定得拥有信仰心才好。

本山　的确如此。也正是因为这样，基督教必须从现在开始进行改变。这是因为基督教教义是不相信转世和因果报应的。

生活在沙漠里的人之所以不相信来生转世是因为，在自然环境恶劣的沙漠当中，不管是动物和植物，都会立刻灭亡。《圣经·旧约》中就记述了先知摩西在得到耶和华的指示后，率领犹太民众离开了埃及。在出埃及的过程当中，奇迹曾经发生，海水分开，让摩西一行平安无事地渡过了红海。

虽然他们在经受了各种苦难之后，最终抵达了耶路撒冷，但是当他们渡过红海后，做的第一件事情就是将生活在绿洲里的先住民赶杀干净，鸠占鹊巢。这也正是沙漠里的生存方式，对于像我们生活在日本这样自然环境优越的地方的人来说，是很难理解这一切的。

据说，耶和华曾经告诫摩西道："你们必须祭拜我，我将接受你们的贡物，并且保护你们。你们不可再有别的神，否则我将不再给你们提供庇护。"这种说法实在是包含了极强的民族主义思想。由于在沙漠里面不这样做就无法生存，因此任何沙漠民族的上帝都差不多。

　　在科学领域里，即便是获得了诺贝尔奖的理论也曾有过事后又被彻底否定的例子。但是在宗教领域，上帝的存在是绝对的，不可能作任何改变。然而，世上从来就没有什么绝对的宗教。伊斯兰教也同样对于其他民族的宗教持否定态度，先知穆罕默德就说过："唯有只信奉安拉的人才会得到拯救，其他人都终将毁灭。"选择这种态度也同样是为了能够在沙漠中幸存下去。

　　然而，靠类似于基督教这样的宗教是不足以建立一个地球社会的。这是因为在这些宗教的教义当中，大自然与人类、上帝与人类都是相互对立的，依靠基督教教义的话是没法解释清楚为何这些相互对立的事物又能够相互统一的。基督教和伊斯兰教的理念就是"A 只能是 A，A 绝对不可能又是 B"，这才是为什么这两个宗教会在漫长的岁月中水火不容的原因。

　　那么佛教是否又能够协助创建地球社会呢？对于这个问题，我的回答也是否定的。佛教对于物质的思考和理解比较少，这是因为我们都是依照顺应大自然，并与其融合的方式生存至今，所以大自然与我们的灵魂融为了一体，尽管我们也认同存在着超越一切的"绝对"存在，但是却不认为还存在着创造了物质世界的上帝。因此，如果佛教不能对物质进行更多思考认识的话，是无法与基督教进行融合的。而我相信，让这些宗教之间产生融合正是我今生被赋予的职责。也正是出于这个目的，我才会刻苦思考，为了证明灵魂的存在，反复通过各种各样的实验努力研究至今。

稻盛　有一个超越所有现存宗教的世界宗教，或者就算不是以宗教的形式，而是一个能够通行于全世界的普世思想，确实很有必要。

"思善行善，正是利他大爱。若能以此为本思维行动，人生必能走向坦途。此乃不容辩驳之事实，无须上帝特意赐予，只需自心纯净美丽，幸福必然降临。"如果这种思想能够得到确立的话，想必一定能够在全世界普及开来。

因果法则能够改变人的命运

本山　说到命运和因果报应的关系，也就是说，我们作为个体所拥有的存在并不仅限于这个世界，我们在灵界里还同时拥有灵体。通灵者正是能够看到我们灵体的人。此外，当我们向留在某个地方的魂灵进呈供饼时，有时候供饼会因为受到魂灵的影响而破碎。物质是由于上帝的力量、秩序之力以及创造力的共同作用而成。就譬如京瓷虽然生产陶瓷，但是陶瓷事实上并不是由人创造出来的，人只是为创造作准备而已，在作好准备后，真正创造出陶瓷的是上面所说的这些力，而非人。

稻盛 我说一个自己年轻时候的故事。一天晚上，我到生产精密陶瓷的车间里进行巡视，遇到一名技术员在烧窑旁一副欲哭无泪的样子。于是我向他询问缘由，这名技术员回答道："为了产品研制，连续几天都没日没夜地工作至今却依然一无所获。"于是我就对他说道："你向神灵祷告了吗？"

我说这话的意思是，如果他真的是全力以赴也没能得到期待的结果的话，那就只有祈求神灵的帮助了。虽然这位技术员并没有立刻领悟到我的意思，但是却再一次鼓起勇气，投身到研发工作当中，最终成功研制出了难度很大的产品。这个故事一直到现如今仍然在我的公司里流传着。

当我们真正能够做到无心忘我，聚精会神地从事一件事情时，人自然而然地就会向神灵祈求，寻求指引。当我在研发全新的产品时，常常会为此而向神灵祈求帮助。或许正如本山先生所说的，所谓创造完全是在神灵的主导下才能最终完成。

本山 不管是人还是科学，都不具备给物质赋予秩序并使其成形的力量，这种力量来自上天。那些深谙大自然的精妙秩序，明白其只能是来自上天的人，才能最后获得成功。不明此理的人则无论如何都难以做出不凡的事业。

稻盛 刚才本山先生您提到供饼受到魂灵影响而破碎的例子，请问为什么会发生这种事情呢？

本山 那些让供饼破碎的魂灵，都是不知道自己的肉身已经死亡、层次较低的魂灵。能够察知自己已经死亡的魂灵则要层次高得多。那些身死不自知的低层次魂灵就算经过再多年头也依然会深陷于自身的情感当中不得解脱。当我们向这些魂灵献上供饼时，供饼不仅会破碎，并且事毕我们拿来吃，也会感到味同嚼蜡，索然无味。

稻盛 这又是为什么呢？

本山 这是因为魂灵将供饼之灵的能量给吞噬掉了。这种灵性能量是产生供饼的形成力之一。一旦这种力量消散，供饼就再也无法保持原来的形状，味道也同时会发生改变。

玉光神社每年都会举行一次施饿鬼的法事。每当这个时候，都会在神社的建筑物外面为那些陷入自身囚笼、无法觉悟到自己已经离开这个世界的低层次魂灵们举行供奉仪式。普通人如果吃了用于这些仪式的供品的话，不仅感觉不到味道，还会肚子疼，因此在供奉仪式结束后，这些供品都会被扔掉。

稻盛 也就是说，虽然这些魂灵已经去了灵界，但是却又吞食了属于这个世界物质的供品的能量，对吗？看来低层次灵界与我们这个世界还是隔得不太远。

本山 在灵界里，越是往高层次走，越是容易超越和舍弃小我。因此在高层次时，心中的各种念头都能够直接转化为创造物质的力量，从而引起现实世界的变化。而那些陷入自身情感之中的低层次魂灵，虽然不一定都具有利用念头改变现实世界的本事，但是在某种程度上，还是能够让物质发生变化的。这也正是灵界与现实世界不同的地方。

刚才我已经说过，即便是现实世界中，在最尖端的量子力学领域里，科学家们也发现了心灵能够与物质相互产生作用。也就是说，如果承认思想能够改变物质的话，那么物理学就将垮台。

凡是由末那识这样的低层次魂灵转世而来的人，他们今生是男是女都早已根据他们前生的所作所为决定好了。并且今生将因什么病死亡，也基本上在出生的时候就已经决定了。

然而，那些力图提升净化自身灵魂的人，以及真心期盼能够造福大众、并实际付诸行动的人，都会自然而然地涌现出创造力和智慧。这样的人是能够避开因果报应，改变自身命运的。

在因果报应的世界里，对于能够将一切看做是自身的行为（因）所必然导致的结果，坦然接受命运的安排（果），并不以物喜，不以己悲，而努力为众生服务的人，上帝会为他们打开人生崭新的大门，使他们不受因果法则的束缚，实现自身灵性的成长，并逐渐超越小我。而基督教和伊斯兰教这样的在需要以人类力量控制大自然的环境中诞生的宗教，则不存在这种思想和教义，而是相信经由上帝最后的审判来决定人是上天堂还是下地狱。

然而这种说法其实是错误的。人是上天堂还是下地狱都是由各人自身的因果报应来决定的。能够决定自己堕入地狱的是自己，同样，决定自己升入天堂的也只能是自己。因此，上帝在创造人类时，就已经决定了我们能够自主来决定自身灵魂的去向。

但是就如我反复指出的，在沙漠中不存在能够让人如此从容的自然环境。人类只能想尽办法去支配大自然。在人与人之间对立、民族与民族之间对立的环境当中，根本就没有办法向众人细说因果报应的法则，因此只能将一切归于上帝的创造，人类的行为和思想都是上帝意志的体现。根据这些宗教的教义，人类是完全隶属于上帝的，这些宗教也都是"他力宗教"。

因此，不管是基督教还是伊斯兰教，祷告都是一件非常重要的事情。"上帝，请拯救我！"——这就是基督教所有信仰的根本之所在。至于其他教义教理，则都是在耶稣基督死去 100 年后，由教会的权威人士通过反复召开的宗教会议才最终确定了基督教的正统教义。

要想宣扬因果报应论，终究还是要从大自然中各种生物的轮回转世开始说起。例如在印度，每年都能收获数次水稻，日本则至少能够收获一次。在这种环境中，很自然地会产生轮回转世和因果报应的想法。被基督教认为是上帝转世的耶稣基督所诞生的城市拿撒勒则面向地中海，一年中分为雨季和旱季，能够栽培谷物。但是因此生成的转世的思想却只限定于耶稣基督，他被认为是作为上帝之子转世到这个世界来的。因此从这一点来看的话，基督教与它的源头犹太教是完全不一样的。

人类所处的自然环境会给人类的宗教、思维方式还有生活方式造成显著的影响。这就如前面提到过的，一个民族的魂灵也能够产生极大的力量。科学正是由于源自对立思想根深蒂固的地区，所以才在亚洲地区难以发扬光大。在亚洲，人类无须去支配大自然，只需要顺从大自然就足够了。

然而从现在开始，为了创造一个一体化的地球社会，如果我们不能够协调和统合好东方的佛教、印度教，还有道教对于物质研究不足的缺陷，以及西方凡事都以物质和对大自然的支配为出发点然后再发展科学和理论的做法，那么人类就不可能真正找到生存的目标。

心态决定一切

稻盛 听您这么说，似乎有必要以日本传统下衍生出来的宗教哲学为基础，创造一个新的世界宗教。

本山 幸运的是，日本在中世纪时曾经是一个被称为"黄金国"的富饶国家。如果再上溯到之前的弥生时代的话，当时日本的人口最多只有 100 万人左右，以日本的国土面积足以养活这些人口，并且还出产金、银、铜等矿产，实在是一个如天堂一般富饶的地方。

那个时候的日本拥有极具灵性的宗教，这种宗教令灵界与我们的这个世界紧密相连。之后，日本宗教又接受了西洋和印度以及道教的思想。到明治时代时，更是进一步接受了基督教的思维方式。日本人拥有这种兼容并蓄的广度。

正是由于日本人的这种本性，我才认为在创建一个一体化的地球社会的进程当中，日本具备了向世界发出提案的资格。因此，虽然眼下新闻媒体全都在喧嚣"百年一遇的经济危机已经降临，问题将会非常严重"，可是人类觉醒的时候也即将到来。

我之所以这么说，是因为日本人的心中时常涌动着洁净的灵魂。像稻盛先生这样拥有美丽灵魂的人应该将会更加层出不穷。欧洲思想由于是以争斗为根基，因此我不认为其足以用来确立地球社会。一个统一的地球社会的建立至少还需要花上数十年的时间，然而就算耗费了本世纪的所有时间，在漫漫历史长河中，也只不过仅仅只是 100 年而已。

稻盛 平日里，我一直以"心态决定一切"这句话来宣讲心的重要性。不管是科学还是艺术，全都是以我们的心为中心在变化运动。因此，我希望能够在尽可能广的范围内推动对于心的研究。

为此，由我担任理事长的稻盛财团与京都大学以心的综合研究为主题，于 2003 年共同举办了专题研讨会。然后在这次研讨会成果的基础上，为了对于心展开全面研究，在 2007 年，京都大学召集了包括心理学、哲学、宗教学等各个领域的专家，共同组建了"心之未来研究中心"。

但是光是把学者聚集到一起从事研究的话，由于受到学术研究方法和手段的制约，那么研究终究无法触及到核心问题，只能局限于周边部分。这一次在与本山先生对谈之后，我再一次确信，要想研究心的问题，就首先必须承认灵魂的存在，否则的话研究就无法展开。

可是如果向大学的专家们提出灵魂这个问题时，他们必然会回答说："这种事情实在是荒唐无稽，在科学的领域里要是提出灵魂这种东西，就根本没法再作研究了。"因此我才曾经发脾气说："这个研究中心如果缺乏即使从事的不是科学研究也不在乎的蛮勇的话，那么就根本无法解明心的问题。"不知他们能对我的话理解多少，但是不管怎么说，我还是坚信，要想研究心的问题，不涉及灵魂是没有任何作用的，这样做根本无法触及问题的本质。

本山 我之所以要到美国去创办研究生院也是因为遇到了同样的问题。当时不管我如何解释，日本的文部省（现文部科学省）都不同意在日本办学。这里我大致介绍一下我创建研究生院的来龙去脉。

在汤川秀树教授获得诺贝尔奖后的第二三个年头，汤川教授与朝永正一郎教授，以及众多哲学研究者聚集到一起，对于科学的基础开始进行思考。当时 32 岁的我也出现在他们的活动之中，并向他们介绍了查克拉的概念。

在此之前，我已经邀请了拥有通灵能力的人、瑜伽的修行者、中国的气功师以及菲律宾的心灵治疗师到我那里，通过观测他们的脑波等方式收集数据，进行研究。后来，我又利用 AMI 仪器发现，具有特殊能力者的自律神经的活动与普通人完全不同。这类人与查克拉所对应的自律神经的活动与普通人相比显得异常活跃。我在汤川教授等关于科学基础的研讨会上，向与会学者们介绍，如果不进入这种状态的话，就无法感觉到灵能与魂魄的存在。

在听了我的介绍后，京都大学的心理学教授提出了反对意见，而东京大学的教授则站在了我的一边，他们之间为此展开了激烈的论战。也正是得益于参加这个研讨会，使得我对于自己的研究获得了自信。并且我的这些研究成果还获得了东京文理科大学的纪念奖。

后来，国际心理学会将第一次在亚洲举办的会议定在了东京，并由我担任了生理心理分会议的议长一职。不过，由于像京都大学著名的西田几太郎这样的著名学者也出席了会议，因此，当时的心理学研究者们都不愿意认同我的研究结果。

稻盛　不管重要性有多大，但凡过于超前的东西往往都难以得到承认。

本山　不管是构造心理学也好，生理心理学也罢，在研究心理学这种看不见摸不着的学问时，只能采取间接的接触方式，因此，现代心理学事实上并没有抓住问题的核心。

于是，为了在日本创立能够科学地证明灵魂存在的学问，我埋头于研究工作之中，并且我的研究最终得到了美国杜克大学莱恩教授的认同，被聘请到杜克大学担任研究员和讲师的工作。

可是当我返回日本，打算要在日本创办一个能够继续研究相关问题的机构时，日本的文部省却根本不把我当回事，所以我才会决定要到美国去创建研究生院。美国具有不受传统观念影响所惑、积极吸取他方之长的风气，在我创建的研究生院里，尽管人数不多，但是仍然吸引了来自世界各地的求学者。

那一天到来时，所有人都会开始祈祷

稻盛　刚才您说到祈祷非常重要，通过祈祷能够使我们的灵魂得到升华成长，但或许是因为日本人不相信灵魂存在的缘故，令人感到遗憾的是，在日本大多数人都没有作祷告的习惯。

本山　作祷告既不能强迫，也不能传授。就如稻盛先生也是因为小时候得了结核病，在读了家慈信奉的"生长之家"的书后才打开了通往心灵之路的大门一样。

我相信所有日本人，或者也可以说，是由于世界上的所有人都拥有灵魂的缘故，当众生醒悟时就能够融为一体。正如日语里有"和魂"和"荒魂"（和魂和荒魂是日本神道的概念，特指神的灵魂同时拥有善和恶的两面——译者注）这样的说法一样，日本人对于灵魂其实有着与生俱来的理解和认识。因此当遭遇困境时，日本人很自然地就会开始向神灵祈祷。

我相信今后10年，当今这个世界的众生都会对于未来的物质资源和政治局势开始持有危机感，到时候，日本人一定会开始作祈祷。这就正如稻盛先生您向那位遭遇阻碍、一筹莫展的技术员说的"你向神灵作祷告了吗"是一个道理。

并且这也不仅仅只限于日本人，当所有人面对死亡时都会同样地向上天作祷告，现在的众生不懂祈祷的重要性，全都是因为身在福中而不自知而已。我们的灵魂要远远悠久于我们的意识，但现在依然还只是在进化的过程当中。因此，当人类遭遇挫折，认识到自身存在的虚无时，就必然会认识到灵魂的存在。

稻盛　当我们向上帝作祷告时，上帝会显身吗？上帝到底又是什么？并且当我们作祷告时，又应该冲着什么方向才好呢？

本山　我们只需把生命自身、生命的力量以及赋予生命的力量都视作是来自于上帝或者宇宙这样的超凡之所就足够了。并且作祷告也没有任何方位的限制，随处即可，并无区别。

我本人相信再过上二三十年，整个世界都会转危为安，因此，心中没有丝毫的忧虑。但是即便如此，我们仍然需要为此而全力付出，所以我希望能够涌现出更多拥有稻盛先生这样品格的政治家和宗教家。政治家和宗教家们绝对不能图谋私利，等到时机来临时，所有人都必须团结一体，相互支撑，否则就将无以为继。就算众生现在不事祈祷，但是到时候自然就会向上帝祈祷。

感恩是具有极大力量的念头

稻盛 我认为对于日本人而言，与祈祷同样重要的就是要有一颗感恩的心。这是因为我觉得，人类生存于森罗万象的大千世界当中，只有当我们对所有事物都怀有感恩之心时，我们才能够得到救赎。

本山 神道的仪式必定会包括月次祭和感谢祭这两个祭祀典礼。月次祭是为了让神灵能够拯救那些由于业障和因果报应而遭受痛苦的人所举办的祭祀，而感谢祭则是为了向神灵表示感谢之意，这两个祭祀缺一不可。缺少感恩心的人和不知感恩的人的灵魂是没有办法得到成长的。

稻盛 在我刚懂事的时候，大人就教我要随时念诵"南无、南无、非常感谢"，以此来为获得了生命而感谢佛陀。"南无"就是南无阿弥陀佛的意思，我小时候虽然对此一无所知，但是由于那个时候很认真地一直念诵的缘故，到如今我也会时不时地念上两句。

然而，这或许对于我们来说非常重要。比如在当前这种恶劣的经济状况当中，既有不少人失去了工作，还有不少企业经营者因资金不足而苦恼。但是，我相信即便是在这种困境中，那些心灵高尚、能够依然感恩生命、心中时常涌起"感谢"之意的人必然能够得到解救。我希望能够有尽可能多的人认识到，感恩心看上去微不足道，其实却拥有巨大的力量。

本山 稻盛先生正是由于小时候的家教，所以才会很自然地流露出这种胸怀，这些教诲早已融入了您的灵魂之中。反观现在的父母，大都缺少教养和感恩心，教给自己子女的全是些自私自利的东西。越来越多的父母只会让自己的孩子读好学校，进好公司，拿高薪。

只要5分钟没有氧气我们就将死亡，没有水我们同样无法生存，众生如果能够明白这些事实，认清自身存在的脆弱，自然就会对于我们的一切所获所得产生感恩之心。世间不是由上帝这样的超越性的存在组成的，而是由众多一个一个的凡人集合在一起组成的。如果没有农夫耕作的话，我们就连饭都吃不上。因此，我们需要能够培养感恩心的教育。

我们必须催生出感恩、祈祷以及能够让众生融为一体的智慧、创造力和大爱，这是包括父母、教育者、政治家在内的所有人的职责。自从第二次世界大战战败以来，整个日本社会一心追求物质享受，宣扬感恩心的人变得越来越少。

但是当人类对于物质享受的追求抵达极限时，是自暴自弃地走向战争，还是开始选择向上帝祈求救赎，这就取决于我们现在是以怎样的形式来教育众生。我认为，不仅是商业领域，教育和政治领域里也同样需要出现更多如稻盛先生这样的存在。

稻盛　我相信，如果众生能够以本山先生所说的这些来作为心中的准绳，规范自己的日常生活的话，那么就必然能够得到上天的眷顾，获得幸福富裕的人生，对此我们丝毫不用怀疑。

本山　关于教养，父母必须从小就要好好教导自己的孩子。所有人都拥有灵魂，因此，即便小孩子不懂得里面的含义，父母的教诲也必然如本能一般为小孩子处于不同维度的灵魂所吸收。然后等到小孩子长大成人时，这些当初的教诲必然会在他们的思想和行动中体现出来。有鉴于此，不管是父母的教育还是学校的教育，都应该是为了能够让受教育者觉悟灵魂，发挥自身的爱、智慧和创造力，以此来为众生服务。

三、利他心能够人我两利

利他才是企业经营的应有姿态

稻盛 我自身义务担任了主要以中小企业经营者为学员主体的经营管理讲习所"盛和塾"的塾长。现在包括日本国内、巴西、美国以及中国的各分塾在内的会员人数总共超过了5 000人。在盛和塾的课堂上，我总是告诫学员们"必须以爱自己的员工，爱自己的客户这样的利他胸怀来经营企业"。一般看法都认为，企业经营就是为了实现自身利益的最大化，是属于利己性的存在。然而事实却恰恰相反，利他才是企业经营的应有姿态。

随着我的反复宣讲，在我的学员当中，"利他"这样的词开始出现在了他们的日常交谈当中。我的感觉是，普通人在谈话中很少会使用"利他"这样的词汇，近年来，甚至连宗教人士们都几乎不怎么使用这个词了。但是在盛和塾里，这个词的出现频率却非常高。

在讲习完毕后我们都会一起去喝酒，一般在这种放松的时候才能够听到众人的真心话，然而此时依旧能随处听到"利他"这个词。这种场合的气氛实在是极其殊胜，与盛和塾学员们在一起时，我总是感到非常的轻松和自在。说实话，有时我也会去参加各级政府和经济界头面人士出席的各类宴会，在这些场合我基本上都感到很不自在。只有盛和塾的聚餐总是能让我觉得很有气氛。

公开讲演也是同样。我在盛和塾都是不拿报酬的义务讲演，但我总是乐在其中。而受到那些名人云集的各类经济团体的邀请去做讲演时，尽管能够拿到丰厚的报酬，可我却并不是很想去。究其根源，这些讲演会的听众基本上都是碍于礼节才来出席，所以我不管说什么也很难与底下的听众产生共鸣。

然而，当我面对着盛和塾的学员们时，彼此心灵的"波长"却能完全合拍，这就自然使得我总是豪气大发地侃侃而谈。因此，我经常会对盛和塾的学员们说："诸位与我属于 soulmate，也就是魂友。我想大概我们大家在前世一定一起共过事。"

事实上我也认为，如果不是这样的话，我们大家又怎么会如此融洽和相知呢？

并且这些学员们经营的企业基本上也都表现不俗。超过 5 000 人的盛和塾学员所经营的企业的销售额合计达到了 24 万亿日元的规模。可以说，这些企业不仅对于日本产业界，同时对于整个国家都作出了相当大的贡献。盛和塾的各位企业经营者维护了就业，创造了利润，缴纳了巨额税金，他们不管是对于日本这个国家，还是对于社会都担负起了重要的作用。

本山 您每个月都要四处做现场演讲和指导，真是太辛苦了。不过您的这些活动都得到了非凡灵魂的支持，所以我相信影响力会愈加彰显。你所结识的这些成功人士都是了解现实状况，拥有爱心、智慧和创造力的杰出经营者，因此，他们应该都能够相互团结，齐心协力。今后，像盛和塾这样的机构会变得越来越不可缺少。

稻盛 京瓷最初就是以一家作坊工厂的形式起家的，到现在，年销售额已经达到了 1 万亿日元。此外，我在 25 年前创建的第二电电公司发展成为了现在的 KDDI，年销售额超过了 3 万亿日元。京瓷与 KDDI 的年销售额合起来几乎快要超过 5 万亿日元，年利润超过了 5 000 亿日元。我们的员工遍布世界各地，我相信，他们中的大多数人都通过工作获得了幸福，并通过造福社会的形式在奉行利他行为。

本山 不仅经济界需要这些，在政治和教育等更多的领域也必须推广您的做法。并且更重要的是，我们还需要超越民族界限，在人类的所有活动中都努力推广爱、智慧和创造力。如果不这样做的话，人类只能走上穷途末路。

不过，稻盛先生您今年多大年纪了？

稻盛　已经 77 岁了。

本山　那么您还能继续干上 10 年。

稻盛　不，我准备干到 80 岁就够了。

本山　虽说如此，稻盛先生您现在正在认真培养弟子，这些人将来都能够接您的班。我认为稻盛先生您之所以能够在事业上获得如此巨大的成功，是因为您已经进入了能够觉悟到灵魂的真我层次的缘故。而这不仅能够给我们从事的事业带来影响，同样也与人类的所有活动都息息相关。

当众生的心合为一体时，祈祷的力量将会被放大数百倍

稻盛　不记得是从什么时候开始，以盛和塾的学员为中心，在各地开始举办了以"市民论坛"为名义的公开演讲会。这个演讲会已经举办了许多次，每次都能够吸引来 2 000 人左右的听众，我已经向累计超过 6 万名听众宣讲了我的拙论。

我从参加演讲会的听众那里收到了许多来信，他们中很多人都与盛和塾学员一样，对于"利他"这个词给予了肯定和认同。

本山 作为个人，能够进行祈祷是非常重要的事情。但是，如果不是一个人独自祈祷，而是一百人、两百人共同祈祷的话，那么一百人能够产生一千人祈祷的力量，两百人则能产生两万人祈祷的力量，这是因为当众生的心合为一体时，祈祷的力量会被放大数十倍，乃至数百倍。

就在当下，当我们在这里进行对谈时，这种力量已经开始扩散延伸，至少能够覆盖到整个东京。当您刚才提到"塾长"时，大概这种力量就已经开始出现了也说不定。(笑)

稻盛 没有没有，我并没有这种力量。总而言之，只要是参加盛和塾的活动，不管是在上课的时候，还是在课后一起喝酒的时候，我们大家之间都是一派非常祥和协调的氛围，这一点倒是令人感到有些不可思议。

本山 这是因为你们大家的心都成为一体的缘故。这种状态已经可以算得上是进入了某种宗教世界了。其实，任何人本来就拥有这种力量。如果再将这种力量用于利他行为以及大爱和关怀他人，那就最好不过了。只要能做到这一点，不管是经济还是政治问题都能够依靠大家的力量予以解决。

　　我当初到美国去创办研究生院时，没有钱、没有人，也没有学生。周围的人都感到疑惑，"你这种状况如何才能够创办大学呢?"我对他们回答道:"这是上帝的使命，上帝既然这么对我说了，我就一定要执行。"

　　刚好就在那个时候，作为加利福尼亚州政府削减教育经费的一个环节，州政府正准备大幅削减研究生院的数量，也有不少大学被取消了认证资格。有一些资金非常充裕的团体想建立大学，但其申请却等待了 7 年也没有被批准。但是我们的申请只等了 3 个月就获得了批准，并且在创建以来的将近 20 年间，不断涌现出优秀的学生。

　　如今，当初我的瑜伽弟子已经在美国和加拿大等地教着数以百万计的人。只要能够教出一个得意弟子，就不需要我再到处去进行说教，而我的思想依然能够四处传播。当然，我自身也并没有因此懈怠，而是专注于自己的研究之中。从这种意义上来看，我当初创办研究生院是一个正确的选择。

　　稻盛先生的盛和塾也和我的研究生院差不多。但是不管怎样，仅靠一己之力是不行的，必须获得更崇高力量的帮助。我相信盛和塾今后会更加发展壮大。

　　稻盛　如果能够造福众生，那么我将感到非常荣幸。

　　本山　盛和塾就算继续不断壮大，成百上千人聚集到一起，大家仍然能够敞开心扉，融为一体，同思同念，彼此间不会产生任何排斥感。

稻盛 盛和塾最初是以中小企业经营者为中心发端的，不过到现在像律师、会计师、医生、运动员、幼儿园园长、医院院长等社会各阶层人士都参与了进来。

本山 这当然是因为您众望所归的缘故。从这种意义上来看，稻盛先生还是继续坚持您的方式比较好，而我也只能继续依靠我自身的方式了。(笑)

稻盛 至于盛和塾成立的缘起，最初是我与京都的一些中小企业家在酒吧里聚会，大家向我提出"我们都想把自己的公司办好，稻盛先生您不能只顾自己的公司，也请向我们传授一下如何经营企业的诀窍"的缘故。对此我答道："这个可不成，我既不知道怎么教，况且我也没有空闲来教。"可是他们却都说："您不是还有像现在这样喝酒的时间嘛，一定拜托您了。"话说到了这个份上，我也就没法子推脱了。(笑)

本山 稻盛先生，您和京都很投缘，这也是您成功的原因。人要是到与自己无缘或者凶险的地方是没办法实现发展的。京都这个地方很不错，稻盛先生本人想必也一定对此有所感觉。

距今两三百年前，在京都的居民遭遇到极大困难的时候，稻盛先生的前生帮助过那些身陷困境的人。因此，当稻盛先生今世到京都开创事业时，那些曾经在前世得到过您帮助人的魂灵，以及他们的转世都会为您提供帮助。

人到与自己有缘分的地方去是最佳的选择。宗教也是同样，最好能够到有缘的地方去传播。

当我们到与自己有缘的地方去时，即便原本能力有限，只要全力以赴，就必然能够突破自身的局限，获得更大的发展。

稻盛先生的事业始于京都，最终不仅在日本获得成功，甚至遍及到了全世界。并且，您的工作方式吸引了众多具有真正才能的人聚集到您的身边，这一切就都是缘分的力量。

终章

什么才是理想的未来社会

有必要将各个国家的圣贤者聚拢在一起

21 世纪的这 100 年将决定人类的未来

一、有必要将各个国家的圣贤者聚拢在一起

稻盛　当年在美国遭到恐怖袭击的时候，布什总统（时任）立刻宣布要"予以报复"，并首先入侵阿富汗，然后又攻入了伊拉克。回首历史，靠仇恨从来都无法消除仇恨，只有爱才能化解仇恨。如果以仇报仇的话，那么只会制造更多的仇恨，让争斗永远反复持续下去。

本山　确实会你来我往地继续下去。

稻盛　所以就有必要制定相应的道德规范才行。虽然自由也很重要，但是立身于世，不管是个人还是国家，都应当确立必须遵守的道德规范。否则的话，就算心里明白依靠仇恨无法化解仇恨，也依然会选择以仇报仇。

我们经常会使用"国家利益"这个词。政治家们往往都会堂而皇之地将"为了国家利益作出牺牲"或者"以国家利益作为制定政策的先决条件"挂在嘴上。但是美国有美国的国家利益，日本有日本的国家利益，中国有中国的国家利益，如果所有国家都

只顾本国利益的话，那就无法从对立中解脱出来，只会在自私自利中加剧彼此间的争斗。

如果各个国家能够将大爱融入自身利益的话，国家间的对立就会由此消除，但如果完全是基于自身利益来衡量国家利益的话，那么造成国际纷争冲突的火种就不可能被杜绝。当国与国之间出现矛盾时，彼此只要稍微忍耐一下就能够让问题烟消云散。但如果当事方执著于国家面子不肯相让的话，就只能使得矛盾进一步加剧。也正是如此，当今世界才会问题重重，到处都发出不和谐的音调。现在已经是要为人类的心灵制定新规范的时候了。然而问题却是，具体又该如何操作是好。

所谓民主主义，最终往往容易陷入愚民政治的樊笼。但如果执行精英政治的话，又存在着陷入独裁政治的危险。因此，我们现在需要将各个国家的圣贤之辈都招集到一起，为了人类的生存来制定出新的道德规范。

这也正是为了给人类的发展指明正确方向的一个迫切任务。如果我的这个建议能够实现的话，那么我相信就足以代替本山先生所主张的世界宗教，成为人类的指南。

本山 您说的这些我从很早以前就一直在提倡宣扬了，只是没有人把这当成一回事。

随着网络的普及，现在是一个任何国家、任何政府、任何人都必须掌握交流沟通的时代。在灵界中层次最低的世界里，如果修行不够的话，生活在里面的众生将来死后还会重新投生到这个世界来。在这个世界中，情感起到了支配作用。

再来看看网络的世界，完全与最低层次的灵界同样，是由欲望和情感交织而成的。总之，可以算得上是一个极其以自我为中心的、由个人欲望和情感所支配主导的世界。

但是，我们绝不可一直这样沉沦下去，必须上升到更高的灵性世界，也就是超越为欲望所困的凡人世界，升华到众生原本从上天那里得到恩赐的、佛教所说的阿赖耶识以及波罗蜜的世界。这其实并不是一件多么困难的事情，只要能够像稻盛先生您这样努力，做到人我不二，那么事情就必定能够做成。

但是，只是达到上面所说的层次还不够。我们还必须进一步超越，以升华到菩萨道的层次。在这个层次中，虽然我们还具有个体的存在，但是已经没有了性别和种族之分。

这里稍微说一点比较重要的题外话，这是一件我 50 年前在美国的杜克大学时遇到的事情。

那个时候，在美国还存在着诸如不允许黑人和白人坐同一辆巴士的种族歧视政策。然而 50 年后，美国已经发生了巨大的变化，甚至选出了像奥巴马这样的黑人总统。

迄今为止，我已经为数万人看过了他们的前生。通过了解众生的前生，也就是他们是如何轮回转世，我明白了美国之所以发生巨大变化的原因。魂灵转世的平均周期刚好是二三百年左右。

美国的黑奴制度就正如"庄园奴隶制"这个词所说的一样，是随着美国从 17 世纪后半叶的烟叶生产，以及 18 世纪到 19 世纪中期棉花生产规模的扩大，而逐渐发展起来的。据称，当时被强制投入庄园劳动的黑人奴隶数量达到了将近 400 万人。

正如前面已经说过的，在高层次的灵界中不存在着种族与性别的差异，而都只是以灵魂的形式存在而已。在这个层次中，前生的黑人有可能转世为白人，前生的白人也有可能转世为黑人。

在 50 年前的美国，种族歧视严重到没有人敢想象白人与黑人能够平等和谐相处，但是现如今这已经成为了一个普遍现象。之所以会出现这种转变，是因为美国这个民族在灵性层次上已经逐渐融为了一体的缘故。我相信正是因为这样的一个时代，奥巴马才有可能当选美国总统。如果人们的意识能够进一步向着这种方向发展的话，那么全世界的政治和经济都将走上顺利发展的轨道。

然而，即便许多专家学者已经认识到了再不作改变的话人类就将灭亡，可是他们当中的许多人却依然不愿意放弃现在的这种生活方式，而这样的人，不管知识如何渊博，都不足以来为社会和众生提供指导。

所以现在很有必要超越国界，从各个国家招集一到两位能够认清人类本质和应尽本分的圣贤，由他们来共同制定出人类的行为准则，并要让全人类知道，如果我们不基于这些准则来维护人类道德、宗教以及处世标准的话，那么人类就无法生存下去，我们的灵魂也同样难以得到成长。

尽管暂时还无法基于这些准则来将全世界所有国家都融为一体，不过世界各国最好还是能够按照亚洲地区、欧洲地区、非洲地区这样的区域完成融合。

稻盛　虽然我们已经创建了像联合国这样的国际机构，但是现在也没有发挥最理想的机能。联合国原本是为了超越单个国家的范畴，由世界各国一起来解决共同问题，促进全世界的进步和发展的人类智慧的产物，然而由于人类过度强烈的自我意识的影响，各个成员国都专注于本国的利益和需求，结果导致最初设置联合国的目标无法实现，联合国本身也变得名不符实。因此，人类如果能够重新回到创建联合国时的初衷，超越本国利益，追求全人类利益的话，那么联合国应该将会重新焕发生机，从而让全人类得到拯救。

二、21 世纪的这 100 年将决定人类的未来

本山 那些前后数万年都生活在沙漠里的众生的思想基础就建立在斗争和对立之上，美国一相情愿地试图向这些地方灌输民主主义的做法终究是行不通的。民主主义并不符合这些地方的历史和现状。因此，不管美国投入再多资金，付出再多军人的生命，也是不会有结果的。

我希望各个国家都能够有人挺身而出，这些人能够在相互认同、承认各自缺陷的同时，又能够认识到众生在根本上是一体不二的真理，然后由这些人来为人类的将来指明道路，以避开灭亡的结局。

不过虽说灭亡，然而只是肉体的毁灭而已，众生还会重新投身转世。人类在以前 400 万年的岁月里创造了如此辉煌的文明，因此即便灭亡了，将来或许还会以更快的速度创造出一个美好的社会。总之，肉体有毁灭之时，灵魂却永远不会毁灭。

但是那些极其邪恶的灵魂还是有死亡一说的。灵魂在死亡

时所感受到的恐怖与肉体死亡时的恐怖截然不同。迄今为止，我只遇到过一两个这样的灵魂，灵魂的死亡就是真正意义上的彻底消失，是一件极其恐怖的事情。

然而普通人的死亡却并不意味着灵魂的消失。因此我们只管一心思考如何造福世间即可。人类需要能够让个人与社会、大自然与人类都能和谐共处的政治，以及能够超越现存的如佛教和基督教这些宗教范畴、比之更大的存在，我们也可以不把这种存在视为宗教。

若是没有这种"更大的存在"，也就是令万物得以创造的上天之力的话，我们一刻都无法生存。我一直认为，如果能够由深明这些道理的人来指出方向，然后全世界的众生都遵循而往的话，那将是再完美不过的事情了。

稻盛 日本的汤川秀树和美国的爱因斯坦都曾经提出过要建立世界联邦政府的构想，现在也还有人继承他们的观点，继续推动这个构想的实现，只是这样的人越来越少，这个构想的实现也变得越来越困难了。我倒是觉得，既然已经有了联合国，不如想办法先让联合国能够发挥正常的功能。

本山 确实如此。就如您刚才说过的，现在需要以圣贤之人为中心来重塑政治架构，然而反观当前的宗教界，全都是对立争斗。就以日本的宗教界为例，存在着无数宗派，彼此之间虽然还保持着一定程度的对话，但是各派之间却看不到半点迹象打算要一起来制定共同的教义。

联合国也是同样，基本上没有圣贤者参与其中，各国的驻联合国大使都不是由各个国家的首要政治人物来担任。但如果不是由能够在自己国家具有举足轻重地位的人来出任联合国大使一职的话，联合国就发挥不了什么作用。现在以奥巴马为首的各界人士都已经开始认识到了这一点。

稻盛　现在的这种状况所导致的最大问题，就是让联合国成了各个国家维护自身利益的场所而已。尤以美国为甚，它在占据了联合国主导地位的同时，不仅有时候拖欠会员费，而且还以联合国的决议不符合本国利益为由，随意践踏联合国的尊严。正是由于作为世界第一强国的美国旁若无人地以本国利益为第一的态度和做法，才进一步加剧了联合国的形骸化。

本山　不过现在美国的经济已经开始走下坡路。尽管我们不清楚这会在多大程度上削弱美国的影响力，但是全世界的人都已经看出了美国再也不可能像以前那样为所欲为了。因此，我认为事情正在向好的方向转变。

我认为，21 世纪的这 100 年将是关键。在今后二三十年里，如果无法为全世界的最终统一奠定好基础，人类确实就有可能就此毁灭。如果我们什么都不做，继续像现在这样发展下去的话，那么到 100 年后，人口暴增、资源匮乏、食物和水源都无法满足人类的生存需要时，人类就只有毁灭一途了。当然，如果我们能够倒退回明治时代，或者如昭和时代初期的生活水准的话，那么或许还能苟延一些时间。

然而要想实现这个目标，人类就必须从对于奢侈生活的依赖以及自私和贪欲中解放出来，让自己的心中充满爱、智慧和利他关怀，否则再怎样努力也无济于事。为了实现这个目标，一直以来，我本人向数以万计的人进行着这样的宣讲和传授，只是不知道众人又真正能够理解到什么程度。并且，我希望在经济领域出现更多如稻盛先生这样的人，如果能够这样的话，那就再好不过了。

稻盛　您从人的本质开始谈起，围绕着在这个混乱的时代里，我们每一个人以及整个人类应该如何选择人生之路这个主题，作出了尽可能浅显的解读，并让我从中受益良多。

我认为您这些思想的立足点就是"利益他人"，本山先生希望不管是全人类，还是我们每一个人都能更加幸福的"愿望"。我相信，您的这种愿望必然能够惠及更多的众生，影响他们的心灵，并最终结出丰厚的果实。

为了人类能够创造更加美好的未来，我希望本山先生今后继续把人生的正确方向和应有心态为众生宣说下去。

跋

关于人生的意义

本山博

最近以来，出现了一大批关于人生的书籍，并且也赢得了大量的读者。这种现象显示出了众生对于生命的意义，应该如何度过自己的人生，以及自己是为了什么样的目的才来到这个世界等问题充满了迷惑。

当今社会是一个以美国式的资本主义经济为主流，以获得更多利润为目的的社会。不管是个人还是国家都追逐自身利益，通过炒作虚拟的股票和资本获取暴利，使自身成为巨富，使自己国家成为强国，并以此来为所欲为。

但是现在，这种资本主义模式，以及基于这种模式的人生目的的根基都开始动摇，人们又开始重新找寻人类本身和生活的意义。

　　所有人都是父母所生。刚出生的婴儿如果得不到父母充满温情的呵护就不可能生存下去。父母为了让自己的孩子能够平安无事地长大成人，会倾注自己全部的关怀。这种父母的护子之心与充满大爱和献身精神的上天之心完全相同，父母对于孩子的养育之恩也是不图任何回报的。

　　孩子与父母组成的家庭也是一个社会，孩子长大了对父母尽孝心就是一种感恩的表现。在以家庭为单位组成的社会当中，体贴、关爱、利他永远都是不可缺少的要素。

　　而村、镇、县、国家这样的大社会也是家庭社会的集合，就如同在家庭这个小社会中，大家都要相互帮助，相互恩爱才能够让整个家庭获得和谐一样，如果整个人类社会都能够充满爱、关怀、相互帮助（利他）以及心怀对于他人的感恩心的话，就算整个地球都成为一个共同社会的那一天，众生依然能够和谐友好地生活在一起。

　　现在不用说那些深奥的理论，在现在的家庭当中，甚至连父母对于孩子的关怀以及子女长大成人后对于父母的孝敬和感恩心都非常欠缺。这完全是将人当做赚钱工具的西方式物质文明肆意泛滥所带来的恶果。

　　人就像是婴儿一样，仅靠自己是无法生存在这个世界中的，只有通过充满爱意的相互帮助才能够立身于世。我们需要秉持着爱与关怀去为了众生的利益努力工作，并总是对他人心怀感恩之心。这既是人类应走的正确道路，也是创造一个和谐社会的根本之所在。通过这种人生方式，众生必然能够随之觉悟到人的本质，以及令我们获得生命的自己的灵魂。

只要每个人都能够真心实意地切实秉持着爱与关怀去为众生服务，那么就自然能够从灵魂当中升起足以同时利己利他的智慧，并进而促进众生灵魂的成长。

在这里，我想简单地介绍一下我为什么会把自己的人生全部奉献给魂灵的研究。

从我五六岁的时候开始，我的两位母亲——养母（玉光神社的创始人，日本最杰出的通灵者之一）和生母（也是一位通灵者）就常常带我到离家 16 ~ 20 公里外的山里去修瀑布行。

六岁的时候，我第一次奉神灵的旨意，胆战心惊地走上"弘法瀑布（高约 15 ~ 20 米，水量倒不是特别大，瀑布下面是一个大约 70 厘米深的水坑）"边的岩石，站在瀑布击打之下的石头上，当落下的瀑布打在头上时，水压简直要把脑袋给击爆了。

水流涌进了我的眼、耳、鼻、口等身体的所有孔穴中，让我几乎无法呼吸。尽管这让我的意识最后变得有些朦胧起来，但是四周的水非常深，让我没有躲开的勇气。可是，就在我痛苦不堪的时候，瀑布之水却突然不再落到我头上来了，我也终于能够喘一口气。当被吓得魂飞魄散的我睁开眼睛时，看到我的养母正在打着手印念咒。

当我战战兢兢地从瀑布下走出来后，养母才告诉我说："是我在打手印念咒向神祈请后，瀑布的水才会分开，让你能够出来。"也正是那一次，我第一次刻骨铭心地感受到了"上天的力量实在是太厉害了！"

从那时开始，我遇到了众多的魂灵。举一个例子来说，有一天黄昏的时候，我在小豆岛北山的一个池塘边看到了一个浑身湿透了的母亲（大约20岁左右）和小女孩（一两岁的样子）的幽灵。回来向村里人打听才得知，村里有家人的媳妇因为受到婆婆的欺负，就带着孩子到那个池塘投水身亡。等到第二天早上我再去头天傍晚遇到幽灵的那个池塘时，看到那母女俩的坟墓就正好建在池塘的边上。

在二战中，我成为了海军的预备学生，为了保卫日本而接受训练。二战时，日本完全以神道教义来强调"日本是神的国度"，使得全体日本人都毫不怀疑地投入到战争之中。可是，随着战争的失败，宗教又被完全弃之一旁，又开始流行开了社会主义和共产主义思潮。

那时，我开始努力思考什么才是真正的真理。想到或许能够从哲学中寻找到答案，于是我就进入了东京文理科大学的哲学系就读。在头一年里，我认真聆听了众多知名教授的课程，由于很多讨论课都使用的是德文原版书，因此我又跟着德国人学习了德语。

然而，哲学包括了众多理论和逻辑，尽管它能够教给我们逻辑思考方法的理论，但是却无法针对这些理论能够在多大程度上解明现实中的真理和事实，给出明确的答案。

到大学二年级时，我的指导教授向我提出邀请："筑摩书房（日本著名出版社——译者注）打算出版谢林（弗里德里希·威廉·约瑟夫·冯·谢林，德国著名哲学家——译者注）哲学的日文版，你能不能也来参与翻译工作？"于是我就干脆到播磨山中五峰山光明寺的一个小院里闭门不出，集中精力做日文翻译的工作。

一个多月后的一天清晨，正在睡觉的我突然被五六个拿着长刀，样子像是僧兵的出家人围在了中间。令人感到有些奇妙的是，虽然我是仰面朝天地躺着，但是却能同时看到站在我头边的一位出家人，站在两侧的两位出家人以及站在我脚边的一位出家人的样子。他们似乎想对我说些什么，但是我全身却如被牢牢绑住了一般无法动弹，嘴里也没法发出声来，这真是极其强大的幽灵之力。过了一会儿，这些幽灵又都全部消失了，我则因为惊吓和恐惧而感到全身筋疲力尽。

等当天早上我去向寺院的住持夫妇询问后才得知，这家寺院曾经是日本南北朝时期的一个重要战场，足利尊氏（1305—1358，日本室町幕府的创建者——译者注）和兄弟直义之间爆发的"观应之乱"中的"光明寺之战"就发生在这里。也就是说，那个时代的出家人有事情想要拜托我。

但是，当时我已经一刻也不想再在那个地方待下去了，于是就连忙赶回了东京。也就是以这件事为契机，为了让自己的灵魂得到成长，以便能够见到自幼就给予过我引导的神灵，我开始阅读德文版的瑜伽著作，修习瑜伽，按照神的指示开始自己修行。最终，我得以上升到了能够与神相见的层次。

人的本质就在于灵魂，如果灵魂能够觉醒，那么我们的灵魂就能够见到神灵。要想让灵魂觉醒，起决定性作用的就是要以爱和关怀来利益他人。只要这样去做，灵魂就能够得到觉醒，如此一来，我们就不再需要借助凡人的思想与智慧，仅靠直觉就能洞察一切，并涌出使之付诸行动的力量。总之，只要我们能够相信自己的灵魂，相信神灵，在自己能够做到的范围内尽可能地以爱和关怀来帮助他人，那么这一切就自然能够做到。

京瓷的稻盛先生正是这样一个人，在我们这个以物质利益为一切的世界里，他这样的存在实在是难能可贵。我与稻盛先生相识的机缘是，我收到了稻盛先生主持的京都贤人会的邀请，要求我"讲一讲关于超常现象的科学研究"这个话题。于是我围绕着 ESP（超感官知觉）、念力、通灵能力等，用两个小时左右的时间，向包括原京都大学校长、京都大学教授以及诺贝尔奖得主等在内的众多来宾展示了利用脑波、脉波、皮肤反应等电子生理学手段获得的实验数据；利用光电和电磁场仪器在完全漆黑的屏蔽室内测定到的灵能产生的光和电磁场的变化，受试者的大脑、心脏、自律神经的变化数据，以及由 AMI 仪器测出的受试者经络机能在实验前后的变化数据等，令与会众人都有所感悟。

通过将近 60 年的不断研究，我终于给自 3 000 年前瑜伽修行者就已经体验的经络、经脉、查克拉作出了客观的证明，揭示了灵魂的存在和身心之间相互作用的机理。

并且，我也看到了科学与宗教之间得到统合的可能性。如果读者能够通过阅读这本收集整理了我与稻盛先生对谈内容的书籍，认识到人的本质就在于灵魂，只要能够让灵魂发挥作用，世界上的众生就自然能够相亲相爱，并与大自然和谐共存的话，那么我将感到由衷的高兴。